黄河國家治理文獻集成（民國卷）第二十册

《黄河國家治理文獻集成》編委會　編

總第八十四册

黄河上中游考察報告

黄河治本研究團　編

王鑫義　編

黄河水患之控制

張含英　著

王鑫義　編

內蒙古出版集團
內蒙古人民出版社

圖書在版編目（CIP）數據

黄河上中游考察報告 / 黄河治本研究團編 ； 王鑫義編． 黄河水患之控制 / 張含英著 ； 王鑫義編． -- 呼和浩特 ： 内蒙古人民出版社， 2025． 8． --（黄河國家治理文獻集成）． -- ISBN 978-7-204-18464-4

Ⅰ． TV882.1

中國國家版本館 CIP 數據核字第 20254PF493 號

黄河上中游考察報告　　黄河水患之控制

黄河治本研究團　編　　張含英　著

編　　者	王鑫義
策劃編輯	王　瑶
責任編輯	董立群
助理編輯	何可欣
裝幀設計	劉那日蘇　吉　雅　安立新
責任監印	包鐵柱
出版發行	内蒙古出版集團　内蒙古人民出版社
地　　址	呼和浩特市新城區中山東路 8 號波士名人國際 B 座 5 層
網　　址	http：//www.impph.cn
印　　刷	内蒙古愛信達教育印務有限責任公司
開　　本	880mm × 1230mm　1/16
印　　張	16.5
字　　數	200 千
版　　次	2025 年 8 月第 1 版
印　　次	2025 年 8 月第 1 次印刷
印　　數	1—1000 册
書　　號	ISBN 978-7-204-18464-4
定　　價	140.00 元

如出現印裝質量問題，請與我社聯繫。聯繫電話：（0471）3946120

編纂委員會

主　　任　陳利保

副 主 任　周承英　吴義學　王　瑶

成　　員　賈大明　何可欣　董立群　羅　婧　王曉俊　董麗娟

白　玲　特日格勒　徐　飛　李月琪　王麗燕　李　琳

主　　編　董　杰

副 主 編　張曉東　曹　玲

委　　員（按姓氏筆畫排序）

王　丹　王智慧　王鑫義　白胡日查　朱紫陽　李　萌

李新蕊　姚亞菲　陳　思　曹佳興　粱芹洋　張文文

張　岩　張博原　張　祺　張曉英　喬恩懋　賀　莎

楊　怡　楊建國　楊　承　霍燕平　魏雪剛

引　言

千古河流成沃野，幾年沙勢自風湍。

得益于黄河冲積所帶來的疏松土質和有機物，中華先民利用石製工具開始了農業生産，并逐步發展出旱地粟作農業，『能够最大程度保障食物供給的穩定性，奠定了中華文明起源和形成的堅實基礎』〔一〕。而利用河水灌溉，提高區域可預測農業産量，『在産業史上起着最有决定性的作用』〔二〕。隨後，技術進步、經濟發展、人口增加，讓先民的文化生活大爲豐富。嚴文明先生評價道：『這是一場影響深遠的革命。』〔三〕在這場革命中，平衡水、沙、産、人四者之間的關係，始終是黄河治理的核心問題。四者關係一旦失衡，就容易引發諸多灾患。

歷史上，黄河下游因人口稠密、經濟發達，一直是學術界關注的重點。但自河源至今内蒙古托克托縣河口鎮的黄河上、中游區域，雖遠離王畿，人口稀疏，却也一直備受關注，人們逐步認識到黄河全流域治理是國家的重要任務。《漢書》載：『堤防之作，近起戰國，雍防百川，各以自利。』〔四〕没有全流域的協同治理，僅靠各地分段築堤，則黄河河患無法解决。秦建立了中國歷史上第一個中央集權大一統王朝，秦始皇東巡碣石，刻石銘記『决通川防，夷去險阻』〔五〕，開啓中央政府調動各要素治黄之先河，這『在中國，實質上是國家的一種職能』[六]。同時，國家通過對黄河的有效治理，爲沿黄流域人民群衆乃至其他地區人民群衆提供了重要的公共物品和産業支撑，成爲人民群衆眼中中央政府的功過評價指標之一。因此，治黄在增强沿黄各族群國家、政治、文化認同的基礎上，强化了中國大一統國家的合法性，成爲歷代國家治理能力的一個重要測度。

一、黄河治理維護了國家的社會穩定

從秦并六國到漢朝建立大一統國家，中國統一的多民族國家形成并得到初步發展。當時中央政府對所轄疆域有『北邊郡』和『内郡』之稱。内蒙古額濟納旗出土的居延漢簡有載，『猥（墾）田以鐵器爲本北邊郡毋鐵官印器内郡令郡以時博賣予細民毋令豪富吏民得多取販賣細民』，可以看出北邊郡是與内郡相對應的行政管轄區域。《史記》卷二十八『封禪書第六』載：『上乃遂去，並（并）海上，北至碣石，巡自遼西，歷北邊至九原。』[七]。《史記》卷三十『平準書第八』載：『天子北至朔方，東到太山，巡海上，並（并）北邊以歸。』[八]司馬遷多次提及北邊，足見統治者對北邊治理的重視。

漢武帝時，齊人延年提出從今内蒙古引黄河水經今北京一帶，向東注入渤海，以衛北部邊疆。『是時方事匈奴，興功利，言便宜者甚衆。齊人延年上書言：「河出昆侖，經中國，注勃海，是其地勢西北高而東南下也。可案圖書，觀地形，令水工準高下，開大河上領，出之胡中，東注之海。如此，關東長無水災（灾），北邊不憂匈奴，可以省隄（堤）防備塞，士卒轉輸，胡寇侵盜（盗），覆軍殺將，暴骨原野之患。天下常備匈奴而不憂百越者，以其水絶壤斷也。此功壹（一）成，萬世大利。」』[九]《史記》卷二十四『樂書第二』載：『天馬來兮從西極，經萬里兮歸有德。承靈威兮降外國，涉流沙兮四夷服。』[十] 如今，包頭地區出土了『四夷盡服』瓦當，出土文物與傳世文獻的呼應，成爲黄河治理維護祖國北部邊疆穩定的見證。

《史記》卷三十『平準書第八』載：『嚴助、朱買臣等招來東甌，事兩越，江淮之閒（間）蕭然煩費矣。唐蒙、司馬相如開路西南夷，鑿山通道千餘里，以廣巴蜀，巴蜀之民罷焉。彭吴（吳）賈滅朝鮮，置滄海之郡，則燕齊之閒（間）靡然發動。及王恢設謀馬邑，匈奴絶和親，侵擾北邊，兵連而不解，天下苦其勞，而干戈日滋。』[十一] 清代《汾陽縣志》卷十三『藝文』收録曹學閔《開修黄蘆嶺車路紀德政碑記》，上載：『永寧州，界連西陲，北達邊外歸綏諸路，商賈遠貿粟麥，泛皮船隨黄流南下，聚于州西磧口，一府之民仰利賴焉。而東至太原，南抵平陽，州縣凡二十餘，亦視汾爲橐鑰，蓋所繫非特一方生計矣。』[十二] 民國時期，東北淪陷後，開發西北刻不容緩，而『黄河中游之水利，自應加以擴充及整理，藉（借）收桑榆之效，以挽狂瀾於（于）萬一』[十三]。

因黄河流域自然條件優越，歷朝歷代都十分重視對此地的開發，通過强有力的國家干預方式推動各類産業的發展，爲中國北部疆域的形成和社會穩定奠定了基礎。

二、民族交往、物資交流、技術轉移促成黄河治理共同體

《史記》卷十五『六國年表第三』載：秦始皇三十三年（前214），『築長城河上，蒙恬將三十萬』[十四]。這數十萬人中，擁有一技之長的人員不在少數。由此，邊地人口不斷增多，而豐富的物産則促進了商品交流與統一市場的形成。西漢《鹽鐵論・力耕第二》記録了『异物内流』的情形：『是以羸（騾）驢馲駞（駝），銜尾入塞，驒騱騵馬，盡爲我畜，鼲鼦狐貉，采旃文罽，充於（于）内府，而璧玉珊瑚瑠（琉）璃，咸爲國之寶。』[十五]此後，黄河北岸的『羸（騾）驢馲駞（駝）』『驒騱騵馬』『鼲鼦狐貉』『采旃文罽』與西南織錦、中原麻織、農作物等物資相互交流，逐步形成統一的國内大市場，加强了邊疆與其他地區的經濟聯繫，促進了邊疆特色産業的發展。

隨着民族交往交流交融的增强，清代以降，黄河流域内蒙古段輸入到内地的也不僅僅是『异寶』了。《綏遠通志稿・水路》載：『自乾隆以還。口外墾殖日廣。民殷物阜。出境之油、糧、鹽、鹼（碱）、甘草各貨。入境之日用雜貨。山西與歸綏往來之商運。凡經河路者皆以托屬河口爲唯一之碼頭。』[十六]從清乾隆年間到民國時期，由内蒙古經黄河運到山西的貨物有糧、油、鹽、碱、藥材、皮毛等，其中以糧油爲最大宗。糧食品種主要有糜黍、穀子、高粱、豆類及玉米、大小麥

等，油料主要是胡麻。內蒙古供貨支綫有從阿拉善盟阿拉善左旗吉蘭泰鹽池到山西吕梁市磧口鎮的運鹽駝路，五原縣、臨河區一帶各大幹渠的運糧水道，杭錦旗、達拉特旗的甘草馱運綫，鄂托克旗的運碱駝路。內蒙古段各條支綫以供貨爲主，山西段若干支綫以運銷爲主。

《臨縣志》載：『清朝乾隆至民國年間，陝、甘、綏、蒙等地的物資，通過此航綫運達磧口，再用牲口馱運到離石、吴城，轉運至東路（汾、平、介、孝等縣）。據民國 20 年（1931）統計，每年從綏遠磴口航至磧口的貨船不下 4000 餘艘』，『是陝、甘、綏、寧與晋西北物資集散之重鎮』。[十七]可見，內蒙古在甘肅、寧夏與陝西、山西等沿黄上下游物資交易中起到了重要的聯結作用；同時也吸引了山西、陝北、河北、山東、甘肅等地的農民遷移至此，并將開渠打壩、引水澆地等農業生産技術、手工技術和商業貿易經營方式帶到這裏。他們在此扎根，除了從事農業生産外，還挖甘草、下窑背炭、在黄河上拉船、在沙漠中拉駱駝、打短工放冬羊、開碾磨油坊，等等。不同地域、不同民族的人們合力修築河渠、引水興業，逐漸形成休戚與共的共同體。其間積纍的産品交易、商業管理、社會治理等方面的經驗，在今天依然有借鑒意義。

清代『首重治河，探河源以窮水患』[十八]，但更深層次的考量是『宣揚大一統及增强國家認同』[十九]。黄河流域人口基數大、分布廣，而全流域治理理念將不同地區、不同民族的人們凝聚成命運共同體，而『大一統』理念正是這一治理實踐的核心主題。

三、黄河流域拓展了中國的發展空間

早期統治者因巡幸及邊防建設所需，統籌管理沿黄河運與秦直道等沿黄馬道，維持着中央政府對北邊的有效治理。河套平原引黄渠道的建設爲秦漢王朝屯田事業提供了基本的水利保證，并將這些區域變成防禦北部邊患的大後方與根據地。于是，沿黄馬道、沿黄河運與萬里茶道、草原絲路等陸路運輸聯通起來，促進了中華文明與其他文明的交流互鑒，拓展了新的發展空間。

新中國成立之後，沿黄各族兒女在中國共産黨的領導下團結合作、艱苦奮鬥，實現了大河安瀾。黄河流域建立起行之有效的防洪抗汛機制，支撑着沿岸的産業發展，改善了周邊生態環境。當代治黄史證明，正是由于中國共産黨的正確領導以及集中力量辦大事的制度優勢，纔從根本上減輕了河患的威脅。進入新時代，黄河流域在築牢安瀾根基的同時，以蓬勃活力拓展着中國的發展空間。沿黄九省區在協同發展中不斷釋放潛力，讓黄河流域成爲國家區域協調發展戰略中不可或缺的重要一極，爲中國的發展源源不斷地注入新動能。

綜上所述，黄河流域的治理不是單純的河道治理、生態環境治理或社會治理，而是一種關涉水、沙、産、人四者關係的系統性、協同性治理，是推動國家可持續發展的動力，也是厘清國家治理與邊疆治理兩者動態交互實際效果的絶佳視角。而黄河工程等『中國本土理論資源、學術積纍』〔二十〕，有助于研究國家治理的演進歷程。進入新時代，黄河治理與國家治理的關係研究不斷開闢新視角、持續涌現新成果，其中鑄牢中華民族共同體意識、邊疆治理與黄河流域生態保護和高質量發展成爲非常重要的研究視角。因此，基于這一角度搜集整理黄河國家治理文獻，意義重大。《黄河國家治理文獻集成》，應運而生。

本叢書系統梳理了黄河治理的歷史脉絡與經驗，既爲新時代黄河流域生態保護和高質量發展提供了歷史鏡鑒，更以文獻爲載體，傳承了治理智慧、凝聚了民族力量，是服務國家發展戰略、鑄牢中華民族共同體意識的重要學術實踐。

《黄河國家治理文獻集成》編委會

二〇二五年一月

〔一〕韓建業：《中華文明的起源和形成》，載《中華民族共同體研究》2022 年第 4 期，第 80-91+172 頁。

〔二〕中共中央馬克思恩格斯列寧斯大林著作編譯局：《馬克思恩格斯選集》第二卷，人民出版社，2014 年，第 240 頁。

〔三〕嚴文明：《黄河流域文明的發祥與發展》，載《華夏考古》1997 年第 1 期，第 49-54+113 頁。

〔四〕（漢）班固：《漢書》卷二十九「溝洫志第九」，中華書局，1964年，第1692頁。

〔五〕（漢）司馬遷：《史記》卷六「秦始皇本紀第六」，中華書局，1963年，第252頁。

〔六〕冀朝鼎：《中國歷史上的基本經濟區與水利事業的發展》，朱詩鰲譯，中國社會科學出版社，1981年，第7頁。

〔七〕（漢）司馬遷：《史記》卷二十八「封禪書第六」，中華書局，1963年，第1398-1399頁。

〔八〕（漢）司馬遷：《史記》卷三十「平準書第八」，中華書局，1963年，第1441頁。

〔九〕（漢）班固：《漢書》卷二十九「溝洫志第九」，中華書局，1964年，第1686頁。

〔十〕（漢）司馬遷：《史記》卷二十四「樂書第二」，中華書局，1963年，第1178頁。

〔十一〕（漢）司馬遷：《史記》卷三十「平準書第八」，中華書局，1963年，第1420-1421頁。

〔十二〕（清）方家駒修，（清）王文員纂：《汾陽縣志》卷十三「藝文」，清光緒十年刻本，第57-58頁。

〔十三〕王華棠、劉錫彤、吳樹德：《黃河中游調查報告》，華北水利委員會編印，1934年，第1頁。

〔十四〕（漢）司馬遷：《史記》卷十五「六國年表第三」，中華書局，1963年，第758頁。

〔十五〕王利器：《鹽鐵論校注》，中華書局，1992年，第28頁。

〔十六〕綏遠通志館：《綏遠通志稿》第十冊，內蒙古人民出版社，2007年，第176頁。

〔十七〕臨縣志編纂委員會：《臨縣志》，海潮出版社，1994年，第273、321頁。

〔十八〕趙爾巽等：《清史稿》卷一二六「河渠一」，中華書局，1977年，第3715頁。

〔十九〕劉惠：《乾隆朝重構黃河河源的實踐與國家認同》，載《清華大學學報》（哲學社會科學版）2018年2期，第147-154+195頁。

〔二十〕許耀桐：《當代中國「治理」概念的演進探析》，載《國家現代化建設研究》2023年3期，第100-111頁。

出版前言

黄河，中華民族的母親河，她不僅孕育了中華文明，更見證了中華民族數千年的發展歷程。習近平總書記深刻指出：『從某種意義上講，中華民族治理黄河的歷史也是一部治國史。』這一重要論述，爲新時代黄河文化的保護傳承以及流域治理提供了根本遵循，也深刻揭示了黄河治理在國家發展和民族復興進程中的核心地位。在學習貫徹習近平新時代中國特色社會主義思想，積極響應國家黄河流域生態保護和高質量發展重大戰略，大力推進北疆文化建設的背景下，《黄河國家治理文獻集成》的編纂出版，具有重要的歷史意義、學術價值與現實指導意義。

黄河治理，自古以來就是國家的頭等大事。從遠古時期大禹治水，到當代運用科學技術進行系統治理，中華民族在數千年的時間裏，積纍了豐富的治河經驗，留下了浩如烟海的文獻遺産。《黄河國家治理文獻集成》收録了元代至民國時期古籍、朱批奏摺、期刊圖片等多模態文獻資源。這些文獻内容豐富、維度多元，既包含記載河工技術、治理方略等的專書，又有漢文朱批奏摺、工程檔案以及不同區域的調查研究報告等。民國時期的文獻則標志着現代水利科學開始融入黄河治理，展現了我國水利事業在時代變革中的創新與發展。近代照片的收録則以更加直觀的方式將黄河治理、黄河沿岸的風貌呈現給讀者。

該文獻的出版，不僅是對瀕危黄河文化遺産的及時搶救與保護，更是對我國水利史、國家治理史、邊疆治理研究學術鏈條的重要補充，具有較高的文獻價值和學術意義。尤爲重要的是，這一集成工作，深度契合鑄牢中華民族共同體意識這一全黨全國各族人民的共同任務。各民族在治理黄河的歷史進程中，緊密協作、共同探索，這些珍貴文獻便是各民族交往交流交融和中華文明認同的生動見證。對這些文獻進行整理出版，能够讓各族人民更加深刻地認識到，在歷史長河中，各民族共同爲黄河治理貢獻了力量，共同守護了家園，從而進一步增强對中華民族共同體的認同感與歸屬感，夯實鑄牢中華民族共同體意識的歷史根基。

《黄河國家治理文獻集成》以『國家治理』爲核心綫索，構建起一個全面、系統、多維的文獻體系：在時間跨度上，聚焦從元代至民國這一傳統治河向現代水利轉型的歷史時期，爲深入研究我國水利事業的發展脉絡提供了清晰的時間坐標；在内容分類上，細緻劃分爲技術專著、工程檔案、區域研究、朱批奏摺、科學報告、圖片等類别，涵蓋黄河治理的各個方面，從不同角度展現了我國在黄河治理上的探索與實踐；在版本選擇上，秉持嚴謹、科學的態度，確保文獻内容的準確性與代表性，爲學術研究奠定堅實基礎。

在編纂過程中，叢書特别注重『全流域治理』的理念，不僅收録了有關下游防洪治河的重要文獻，還涵蓋了中游地區水土保持以及上游地區灌溉開發等方面的珍貴記載。這種對黄河全流域治理的全方位關注，與當前『共同抓好大保護，協同推進大治理』的要求高度契合，充分體現了叢書在傳承歷史文化遺産的同時，緊密服務于當代國家發展戰略的時代價值。

在出版過程中，嚴格保持原書的版式與行款，最大程度地還原文獻原貌。對于部分出現黴變、殘缺的頁面，運用先進的數字化修復技術進行精心處理，在保留原始批注與印章痕迹的基礎上，兼顧了文物的真實性與文獻的可讀性。

此外，爲了更好地服務讀者，方便學術研究，本叢書新增了目録、提要等内容，這些新增部分由編委會精心撰寫。新增目録一般編製二級，個别圖書編製三級；原書有目録而内文無對應標題的，根據原書目録照録；原書目録爲關鍵詞或者其他情况的不編製目録；原書目録與内文不一致的，以原書内文爲準；原書無目録的，按卷端、版心或其他部分輯録；一册書中收録多種圖書的，以書名爲一級標題，編製二或三級。在文字使用上，統一使用現代漢語規範繁體字，對于原版文獻中的异體字、避諱字也使用現代規範繁體字，無對應規範繁體字的保留原字。

《黄河國家治理文獻集成》的出版，是對黄河文化遺産的一次系統性、搶救性保護，具有重大而深遠的現實意義：從學術價值層面來看，叢書成功構建起一座連接傳統與現代治黄文獻的橋梁，爲黄河流域生態保護、水利工程史、國家治理史、邊疆治理、中華民族共同體學等多個領域的學術研究提供了豐富、翔實的基礎文獻，有力推動了相關學科的發展與創新；從文化價值角度而言，生動展現了北疆文化與黄河文化在歷史長河中的交融共生，爲内蒙古『北疆文化』品牌建設提供了堅實的文獻支撑，進一步豐富了中華文化的内涵與外延；從實踐價值方面考量，書中所藴含的治河理念爲我們在新時代背景下實現人與自然和諧共生、推動黄河流域可持續發展提供了寶貴的歷史經驗與智慧啓示。

在此，我們要衷心感謝各藏書機構的大力支持，正是他們提供了珍貴底本資源，纔使得本叢書的編纂出版成爲可能。同時，我們也要向文化遺産智能應用服務中華民族共同體建設『英才興蒙』團隊致以崇高的敬意，他們歷經五年的辛勤耕耘，以嚴謹的治學態度和專業的學術素養，對文獻進行了系統的整理和輯録，爲叢書的内容質量提供了堅實保障。此外，我們還要特别感謝内蒙古自治區黨委宣傳部、内蒙古出版集團將本叢書納入『北疆文庫』重點項目，并在出版過程中給予全方位支持與幫助。

我們衷心期待，這套凝聚着無數心血與智慧的《黄河國家治理文獻集成》，能够在新時代的『黄河大合唱』中奏響歷史的强音，爲黄河流域生態保護和高質量發展注入强大的歷史動力，讓黄河文化在保護中傳承，在傳承中創新，在創新中不斷發展，綻放出更加絢爛的光彩。同時，希望這套叢書能够成爲促進各民族文化交流、鑄牢中華民族共同體意識的重要載體，助力各民族更加緊密地團結在一起，共同爲實現中華民族偉大復興的中國夢而努力奮鬥，讓中華民族共同體意識在黄河文化的滋養下，扎根于每一位中華兒女的心中，成爲推動中華民族不斷前進的强大精神力量。

提 要

黄河上中游考察報告

1947年鉛印本。

《黄河上中游考察報告》即由黄河治本研究團編，共有九章内容，分别是引言、河道、氣象與水文、地質、青甘段之水利、寧綏段之灌溉、晋陜段之水庫、晋豫段之水庫、建議。内容主要是治黄考察的記録與實踐經驗的總結，涉及河源水文、河道變遷、河口治理、治黄機構、河工技術、堤防修築、治黄方略、治河議論等方面。考察報告中的數據由黄河治本研究團查勘所得，并注明了來源，具有獨特的史料學、水利史和文化史價值。

《黄河上中游考察報告》是黄河治理文獻的重要組成部分，反映着國家治理和社會政治經濟文化進步的歷程。通過整理，使其得到再生性保護，達到搶救黄河歷史文化遺産、傳承文明之效，也爲科技治黄、工程護黄、生態興黄提供豐富的歷史借鑒。

黄河水患之控制

張含英著，喻飛生校，1938年商務印書館印刷發行。

《黄河水患之控制》分爲十四章，分别是黄河流域之今昔、黄河禍源概述、河道、地形與黄土、氣候、水流、泥沙、河槽之變動、過去治導之理論及方法、防洪設施之現況、今後治河之途徑、下游之治理、上游之治理和治河之準備。内容主要反映了河源、水文、河道變遷（及其原因）、河流態勢、河口治理、防洪設施、治黄記録與效果、河工技術、施工組織，以及上下游治理方略等較爲系統的黄河治理理論與方策。由此可見，在人類生産和生活中，黄河水患控制問題的影響與意義已被人們逐漸深刻認識和系統總結。

《黄河水患之控制》既是我國水利文獻的重要構成部分，也是中華優秀傳統文化的重要載體，具有鮮明的時代特徵與文化特色，反映着國家治理黄河中的思想觀念。對其整理與彙編，可以使其多元價值和多重意義得到發揮與揭示，也將助推黄河文化的進一步開發與時代詮釋，同時爲系統開展黄河治理、社會經濟與治河工程及其伴生的中華民族根源文化等重要課題提供了有益參考。

目録

黄河上中游考察報告

黃河水患之控制

黃河治本研究報告之一

黃河上中游考察報告

黃河治本研究團編

黄河上中游考察報告

目錄

黄河上中游考察報告

黃河上中游考察報告

第一章 引言

張含英

中華民國三十五年六月，水利委員會爲根治黃河計，特組織黃河治本研究團。並聘請委員張含英爲團長，視察工程師劉德潤，黃河水利委員會工務處處長李賦都，導淮委員會簡任技正雷鴻基，甘肅省水利林牧公司總工程師周禮，水利工程實驗處簡任技正譚葆泰，國立西北工學院教授張遹駿等六人爲團員，水利委員會技士孫鼎級爲幹事，負責研究。

本團於七月九日邀集在京同人舉行第一次會議，商討本團工作範圍、目標、期限、組織及預算等問題。經先後舉行會議三次，並承薛委員長隨時指示，乃得確定一切。研究之初步工作當爲資料之搜集，俾對於本問題先有深切之了解，始能有所建議或計劃。而搜集資料則又分就有關機關、團體、個人所得所知，或自典籍記載中，分別探訪蒐集，及親歷勘查，博採詳問二者。惟時値復員正在進行之際，人員遷徙未定，而圖籍且多裝箱，或未起運，或滯途中，雖經在京在汴訪求，所獲不多。爲求時間經濟，則須偏重於實地考察之一途。其時黃河花園口堵口工程正在進行，故道未復，軍事未定，故決定考察範圍暫定爲上中游。惟因河線綿長，範圍廣大，考察時間似非二年莫辦，然因限期之迫切，故定野外查勘四個月，本團工作亦暫定六個月爲一段落。

時旣短促，途復梗阻，不只各大支流不能履臨，而幹流亦難作充分之探討。乃就上中游分爲四段，即：青甘段，寧綏段，晉陝段，晉豫段，就其重要地段，或昔日工程師罕到之區，而無軍事行動者，作爲考察之對象。

至於研究之目標，則爲防禦下游之水患，兼及上中游資源之開發，以謀全流域經濟之振興，文化之提高。故對於各項工事之興修，凡能作多目標之發展者，則儘量利用。

在京之準備工作旣畢，團長張含英，團員劉德潤，雷鴻基及幹事孫鼎級於七月二十五由京赴汴。會同團員李賦都，張遹駿與河南省政府，黃河水利委員會，及其他機關接洽，並抄繪各種計劃，圖表及記載等。團員譚葆泰則留京担任接洽及搜集資料事宜。

八月十日本團六人乘黃河堵口復堤工程局代備之大卡車一輛西上，當日抵鄭州花園口。時逢雨季，道路泥濘，於十三日抵河南新安縣。次日騎行至河干之八里胡同。十六日返新安。十七日抵張茅鎭。次日騎行視察三門峽。十九日抵會興鎭，改乘汽車當日至陝縣。二十二日抵西安。天雨，留五日，與陝西省政府及各機關接洽，並自黃河水利委員會水文總站抄得黃河水文資料。二十八日冒雨行，三十日抵韓城縣之渚北村。次日視察龍門上游形勢。九月一日冒雨騎驢赴壺口，往返十日。再去龍門。又逢大雨，沿河漲。於二十一日始抵西安。此行幾無日不在雨中，山區路險，大道泥濘，河漲渡停，地瘠人稀，頗受辛苦。而行程亦因之延誤十日。

九月二十六日仍乘自備卡車，自西安出發，於二十八日到蘭州。與主席西北行轅，甘肅省政府，省參議會，甘肅大學，甘肅省地質調查所，資委會水力查勘總隊，科學教育館，甘肅水利林牧公司，市政府，黃河水利委員會上游工程處等機關接洽後，於十月二日乘汽車去西寧。次日赴青海省政府接洽。四日去貴德，因路爲水沖，汽車僅通六十華里，改騎行，於五日到達。六日視察龍羊峽。七日視察貴德上下一段黃河。雲海蒼蒼，草原茫茫，雪山聳峙，泉水清澈，雖僅到上源之段，亦可見其大概形勢矣。八日返西寧。十日返蘭州。十五日微雨，乘羊皮筏發蘭州，沿河下行，經小峽、大峽、紅山峽、黑山峽及爲金峽。河流溜急，峽曲水沸，堪稱奇險。筏上飲食起居亦極不便。於二十一日達中寧縣。改乘卡車，二十三日抵甯夏。團員周禮於本團初到蘭州後，參加工作。

留甯夏五日，大部時間爲與甯夏省政府接洽，並視察已有灌溉渠道，研究黃河水利委員會甯夏工程總隊所測全部地形圖及所擬工程計劃書。十月二十九日離甯夏，乘卡車，於十一月一日抵綏遠之陝壩，視察後套及綏東水利，並與各縣民衆商談。七日抵歸綏，與第十二戰區長官部及綏遠省政府接洽後赴大黑河。畢，於十日離綏。甯綏平原，外界賀蘭山，狼山，烏拉山，大青山等，土地肥沃，引水便利，實爲西北糧庫，國防重地。身歷其境，益增感慨。至此視察工作告一結束。

自歸綏仍經陝壩、甯夏、平涼等地，於十七日達西安，二十三日抵開封。團長張含英，團員雷鴻基，於二十三日達南京。其餘同人，或則留於原工作地點，或則陸續返京。

總計此次沿河考察約四個月，行經七省，遷宿約六十次。雖爲時間所限，未能盡情探尋以致見聞不周，採訪多缺，不無遺憾。然於預定之時間內，確能充分利用，在核准之工作上，亦得完成任務，是則同人等所引爲欣慰者也。

到達之處，各級政府，地方團體，沿河民衆，所賜之指導協助，惠益良深。而情緒之熱烈，望治之殷切，尤足動人。同人等於感激之餘，草爲報告，如能有利治河於萬一，亦即所以報盛情也。

夫治河之道，經綸萬端，固非枝節問題，亦非一時所可見效。必也上中下三游並顧，幹支兼籌。擬定十年，三十年及五十年之計劃，逐步分區實施，方可防禦黃河之水災，復興九省之經濟。雖有一二處工程，興修之後，可以挽回黃河之厄運，見特效於一時。然欲維持其效能於不墜，利用資源以厚生，則必注目全河，擬定百年大計。此眼光之宜放寬也。

然事業範圍雖廣，亦必有其下手處，爲治導之發端，俾循序而前進。同人等對於黃河雖僅作管窺蠡測，然芻蕘之見，聽作貢獻，期作治河初步參攷之一助耳。

本報告僅就此次考察所及，提供參考資料。其不在考察範圍之幹流及支流，概不列論。又以時間所限，在本期內，除治河查勘外，實少內業之工夫。故本報告多涉及沿河見聞，及同人討論之意見。當希閱者諒之。

我國治河雖有數千年之歷史，然今日之黃河仍類荒溪，殊少改進之迹。此固由於技術上之進步遲緩，然治河政策之失當，亦不無關係。古時治河，雖動曰發國帑，設長官，動機每出於慈善，其方法則偏於救濟。故可為一時之治理，而不能謀根本之改善也。治河實為一經濟問題，防洪之費用，應以所保護之利益為權衡。設在一人烟密集，生產衰退，經濟落後之區，若今日之黃河流域者，雖明知治河合於經濟原理，而苦無資金之籌措者，則又必兼謀本流域資源之開發。一則使民富，再則使治河。此即所謂以水養民，以治河也。

本團出發之初，即抱此宗旨。故於研究防禦下游水患外，並考察黃河本身有無天賦資源，有之，以現代之技術能否開發致用。同人等考察結果，對此點甚表樂觀。所以然者，非黃河之可以指日得治，以其有可治之道也。

利用資源之道，應以適合我國需要，地方環境為第一。不可作盲目之開發。常有以日本之黃河水利計劃相詢問者，本團於此報告中，不願有所批評，但自其專注意於晉陝，晉豫一帶大水力之開發一點言之，即知其純為自己打算，而非配合於我國北方經濟之環境者矣。本報告書中雖亦有設立水力發電廠之建議，但其動機與應用不同，當為鄭重申明者也。

黃河之基本參攷資料，殊為缺乏，而以上中游為特甚。同人等之考察，直無異於探險或闢荒。以匆促之時間，致遙遠之行程，所得無多，則見解之幼稚膚淺，自知亦所弗免也。惟事之大患，不在於無知，而在於不自知其無知。吾人既知對於黃河之無知矣，設不努力以求知，尚欲其根治乎？

黃河對於北方經濟文化政治盛衰之影響，有史可按，茲不詳論。然既知其關係之重要矣，待治之迫切矣，則治本之研究工作不應中斷。本團係一臨時組織，人員為由各機關所借調。如能有一永久性之機構，負專責之職員，則其成效當較本團為多矣。

本報告由同人等綜合研究，分任主編，計張含英担任引言；劉德潤担任河道及氣象與水文；張適駿担任地質；周禮担任青甘段之水利；雷鴻基担任甯綏段之灌溉；李賦都担任晉陝段之水庫及晉豫段之水庫；建議為採自各章，及共同研究之結果；由張含英執筆；附錄則由劉德潤担任之。

各章既係分別編輯，或不免有重複之處。又以資料之多寡，考察之詳略，內容繁簡亦頗難一致。至於數字，因根據之不同，或有不符，但皆註明來源。即本團查勘所得，長短高低多為估計，亦難盡合。今並存之，以待來日之證驗可也。

第二章　河道

劉德潤

第一節　蘭州以上之河道

黄河北界白河水系，南接淮河水系，西起東經九十五度，蜿蜒於緯度四十一度與三十四度之間，東迄東經一一九度而入於海。位居中國中部之温帶，中華民族發祥於斯。

黄河河道一束一放，非峽卽灘，幾無上中下游之分。中衛以上，大束小放，中衛至河曲，小束大放，河曲至海門，則大束大放矣。峽中岩石突兀，流水奔騰，湍激瀑飛，漩渦横生。灘地則沙洲林立，流勢緩漫，大溜時徙。大禹之後，但開下游之修守，未見全河之整治，謂爲未治之荒溪，殆不爲過。

黄河上游曰馬楚河，「馬楚」爲藏語，「馬」卽「黄」，「楚」卽「水」。「馬楚」卽「黄河」之意。發源於青海之西部巴顏喀喇山脈之東麓葛達索齊老峯下，海拔四，四五五公尺。東流一五〇公里，注星宿海。又東流二五〇公里，貫札陵鄂陵二海。東南行，岷山山脈諸水自右來會，積石山山脈諸水自左來會。急轉折向西北流，與巴戛戛爾赤河合，折流東北。自河源一，三六〇公里至貴德境，出龍羊峽始名黄河。

龍羊峽位於貴德之西二十二公里，峽長三十公里，據青海省參議會馬議長元海云，河面最狹處僅五公尺，人可躍過。黄河出龍羊峽後，東流十七公里，經貴德浮橋纖穿松巴，李家，公伯，孟打，死溝，劉家，彥果等七峽至蘭州。

貴德至蘭州之黄河，流貫崑崙山系之間，長約三一〇公里，最寬一公里，最狹僅四十五公尺，水坡自一比三〇〇〇至一比一，〇〇〇。峽七個共長八十一公里，估本段河長四分之一強。（表一）河底均係沙礫或岩石，土質極少，故其流現灰青色而微黄。至蘭州附近，始變爲黄色。

表一　貴德蘭州間河道形勢表

地　區	距離(公里)	河寬(公尺)	水　坡	備　考
貴德至松巴峽上口	26	700-1000	1:800	貴德至蘭州峽七個共長81公里佔本段河長¼強
松巴峽上口至松巴峽下口	27	60-100	1:300	
松巴峽下口至李家峽上口	7	200-300	1:700	
李家峽上口至李家峽下口	4	100（士）	1:400	
李家峽下口至公伯峽上口	34	150-300	1:600	
公伯峽上口至公伯峽下口	6	40-60	1:400	
公伯峽下口至循化	28	300-500	1:800	
循化至孟打峽上口	9	400-500	1:1000	
孟打峽上口至孟打峽下口(積石關)	12	50-80	1:300	
孟打峽下口至死溝峽上口	19	100-400	1:800	
死溝峽上口至死溝峽下口	8	60-100	1:400	
死溝峽下口至永靖縣	7	150-600	1:800	
永靖縣至劉家峽上口	25	300-500	1:800	
劉家峽上口至劉家峽下口	8	100(士)	1:500	
劉家峽下口至塩果峽上口	13	150-200	1:800	
塩果峽上口至塩果峽下口	16	40-80	1:600	
塩果峽下口至新城	23	300	1:800	
新城至蘭州鉄橋	36	200-1000	1:1000	
貴德至蘭州	308			

左表係根據黃河水利委員會上游工程處第二查勘隊編製之「黃河上游蘭州至貴德段查勘報告書」統計而成。

第二節　蘭州至甯夏

黄河自蘭州鉄路東流，河中有沙洲曰雁灘。長約九公里，寬約二公里，田畝縱橫，房舍櫛比。河寬二〇〇至三〇〇公尺。水坡約爲一比二，〇〇〇至一比二，五〇〇。十公里至小峽，小峽一名上桑園峽。

小峽長三十公里，河面寬六〇至一五〇公尺，水坡約一比一，五〇〇。初入峽，流向東，漸折向北，兩岸係花崗岩或砂石。岸直立部份高出水面約十五至二十公尺，峽中之險，有桑園子，駱駝石，甕水子，掃蕩等處急流。

出峽口，水面寬爲二〇〇至四〇〇公尺，水坡約一比二，〇〇〇，流速約二秒公尺。七公里至大峽上口。小峽至大峽流向漸由西北轉爲東北。

大峽一名下桑園峽，長約三十五公里。中水時，水面寬五〇至一五〇公尺，水坡一比八〇〇，流速約五至八秒公尺。流向曲折不定，大致爲北微偏東。峽中之險有駱駝石，白馬浪，大床拐子，煑人鍋，新石頭，狼石頭，背日峽子，黄崖，膠泥壩子，花荷嵐，月亮石等處之急流漩渦，其中以大床拐子，與煑人鍋爲最。蓋溜至大床拐子，突轉向百餘度，稍下即爲煑人鍋，湍溜漩渦，同時發生，筏行至此，稍一不愼，非撞至大床拐子，即漩入煑人鍋。

出大峽，左岸爲西峽口(亦稱西崗口)，右岸爲條城，爲產烟草名區。水面展寬至二〇〇至八〇〇公尺。流緩浪平，沙灘參差，水坡約一比二，五〇〇。流向轉東，行十五公里，至烏金峽。峽長十五公里，流復向東北，寬一五〇公尺，水坡一比一，五〇〇。峽內險灘有大浪，中水時浪高達二公尺，行人畏之。惟以溜直，素少失事。

出烏金峽，爲靖遠盆地。靖豐渠渠首在左岸，流向概爲東北，至靖遠縣城西五公里處流轉向東。自峽口下行三十五公里至靖遠縣城，河道紊亂，河寬自三百公尺至數公里不等。祖厲河(一名苦水河)自右來會。至靖遠城東一公里許，流轉向北，又五公里許至東灣子鎮，流向北偏西。河道平緩，水面寬約二〇〇至七〇〇公尺不等，流速約一至一•五秒公尺。經虎頭崖，惡老包崖諸險，至黄沙灣入紅山峽。自烏金峽下口至紅山峽上口計七五公里。

紅山峽係紅色岩所成，內含鉄質。峽長約一一〇公里，寬約一〇〇至二〇〇公尺。水坡約一比一，五〇〇，流向西北。至距上口五十公里處之老龍灣，流漸轉向北，蜿蜒至五佛寺以上出峽。峽中有一窩石，洋人擺手，觀音崖，雙磴子，一窩猪，小口節子，紅毛牛諸險。

河出紅山峽，急轉灣向東微偏北流，水面寬五〇〇公尺至四公里，水坡一比二，五〇〇。下行十五公里入黑山峽，山色黑，含煤錳等物。峽長一一〇公里，水面寬一〇〇公尺左右，水坡一比一，五〇〇。有龍王坑，一台戲，九姊妹，老偏門，三弟兒，攔門虎，五雷旗，龍尾兒，一窩猪，十八惡諸險。

出黑山峽，左岸爲沙坡頭。沙坡高約六十公尺，北連阿拉善沙漠。河折而東流。黑山峽青銅峽之間，河道距離約一二〇公里，河勢展開，沙洲滿佈。地係冲積，渠道縱橫，灌田四十六萬畝，即中衛盆地。流向時左時右，任其所趨，河道之紊亂，直與下游冀魯豫三省之黃河無異。河面寬約二公里至六公里不等。水坡平緩，約爲一比四，〇〇〇。過中衛發源六盤山脈西北流之清水河自右來會。中甯以下，河漸轉向北流。至青銅峽折向東北流。青銅峽長約十公里，寬三〇〇公尺，平均水坡爲一比二，〇〇〇。兩岸山勢陡峻，河床以下三至五公尺即爲堅石。蘭州至青銅峽下口河道形勢見表二。峽之下口，右岸有秦渠漢渠渠首，引河水以灌河東之田四三〇，〇〇〇畝。左岸有唐渠渠首，灌溉河西區約一，七〇〇，〇〇〇畝。

表二　蘭州甯夏間河道形勢表

地點	距離（公里）	河寬（公尺）	水坡	備考
蘭州——小峽上口	10	200—300	1:2,000 1:2,500	
小峽上口——小峽下口	30	80—150	1:1,500	
小峽下口——大峽上口	7	200—400	1:2,000	
大峽上口——大峽下口	35	50—150	1:800	
大峽下口——烏金峽上口	15	200—800	1:2,500	
烏金峽上口——烏金峽下口	15	150	1:1,500	
烏金峽下口——紅山峽上口	75	200—5,000	1:2,500	
紅山峽上口——紅山峽下口	110	100—200	1:1,500	
紅山峽下口——黑山峽上口	15	500—4,000	1:2,500	
黑山峽上口——黑山峽下口	110	100（土）	1:1,500	
黑山峽下口——青銅峽上口	120	2,000—6,000	1:4,000	
青銅峽上口——青銅峽下口	10	300	1:2,000	
蘭州——青銅峽下口	552			

上表係就本團實地視察並參酌黄河水利委員會上游工程處第一查勘隊之「蘭州至甯夏黄河查勘報告書」製成。

出青銅峽，即至甯夏沖積平原，平均寬約三十公里。河道蕩漾於賀蘭山與鄂爾多斯高原之間，流仍東北向。水面大放，最寬處達八公里左右，平均寬二三公里，流緩沙停，沙洲如練。最大者日馬家灘，長十二公里，寬一二公里。

第三節　甯夏至綏遠

至石嘴山，流北向，西岸爲賀蘭山山麓，東岸有伊克昭盟之棹子山峙立。河至此入山峽，河勢爲之一束。中水時，水面寬三〇〇公尺，洪水時，達七〇〇公尺。斷面不規則，河底石質，河岸爲石礫所成，上覆黄土或沙，高約四至五公尺。石中含鉄質，又有炭礦，坎灘絡繹，流勢湍急，有頭道坎，二道坎，三道坎，霍脖沙諸險。舟行經此，咸懷戒心。

由石嘴山至河拐子四十五公里。過河拐子，河即開展，入半沙漠地區。西岸賀蘭山終斷，東岸山勢亦愈益見低，爲伊盟高原之邊緣。又三十五公里至磴口，河東北流，河身驟展，寬至一至三公里。水流漸緩，兩岸皆爲沙丘。據石嘴山水文站負責人云，石咀至河拐子水坡爲一比三，〇〇〇。

自磴口下行一二〇公里至渡口堂。渡口堂以下，河漸轉東流，河身寬放，水勢更緩，大溜游蕩無定，沙洲棋佈，灘嘴突出，漩流甚多，洪水時期水可漫灘而過，有刷深河床之功，低水時期，流緩沙停，復將河床淤積。故此段河道似在平衡狀態，並無刷深或淤高現象。據綏區屯墾督辦事處測量隊勘測，自烏拉河口起至西山咀止，長一八八•六公里，兩端水面高差爲二九•八四公尺，平均比降爲一比六，〇〇〇。三十五年最高最低水位差爲三公尺左右，以往紀錄爲一至二•一公尺。伏汛在小暑後，爲期可兩月，水位較高。他如春汛，秋汛，凌汛，爲期由六七日以至月餘。後套各渠，引水灌溉，均是賴焉。

後套地勢平展，坡度均一，南高北低，平均地面坡度由一比五，〇〇〇至一比八，〇〇〇。西高東低，平均坡度亦相若。

後套位於綏遠伊克昭盟之北，烏蘭察布盟之南，西接甯夏，東界爲拉山，狼山及五加河繞其北，大河繞其南，全面積約一，六〇〇至一，七〇〇萬畝，可耕地一千萬畝，現耕地僅二百至四百萬畝。

後套黄河河道蕩漾不定，各渠引水困難。地勢平坦，排水不暢，爲後套水利當今之兩大問題。

烏梁素海爲後套各渠退水所總歸，二十公里至黄河，高差一•二公尺。總退水渠水坡一比一六，〇〇〇。流速〇•一七秒公尺，流量十五秒立方公尺，尾泄不暢。

本年水災最大，淹沒田地三十萬畝，災民十萬以上，估後套人口百分之四十。西山嘴爲五加河總退水道王六子墳入黄之處，自此以東為三湖灣地帶，係黃河與三湖河間之灘地。三湖河長一〇〇公里，可灌三湖灣地帶三十至五十萬畝。過去灌十萬畝，現僅灌四至五萬畝。東行至三岔口注入黃河。黃河右岸仍爲伊盟戈壁。流又東行至南海子。

自西山嘴至南海子兩岸東水歸槽，尙無氾濫情形，舟行亦甚通暢。南海子河面寬約七百公尺，碼頭在黃河北岸，爲水運與鐵路聯絡之點。其北數里爲包頭，商賈雲集，西北重鎭。

南海子以下十五公里，平綏路鐙口車站以南，民生渠首在左岸，華洋義賑會在此設站測量黃河水文，自民國十八年開始，抗戰中斷。

河至鐙口東南流，經約四七五公里，至托克托縣之河口鎭，有大黑河注入。此段係沙底，水流穩暢。大黑河卽土爾根河，古名芒干水，源出綏遠陶林縣東南，西南流二三〇公里至河口鎭入黃河。沿河灌溉有三和中順乾通民豐諸渠，預計可灌二百萬畝（據綏遠省水利局技正孫彬所稱）。

第四節　河口至孟津

黃河自河口鎭南折，漸入山峽。及喇嘛灣以上，全爲石河。峽谷峻深，水流激湍。紅河自左岸注入，每當洪水時期，濁流奔駛，挾帶巨量泥沙，舟行絕跡。此外兩旁山谷間復多小支流，亦爲泥沙之來源。此下入偏關縣境，水流急湍，河寬二〇〇公尺左右，曲折至多。河底亂石嶙峋，激水成巨浪，以老牛灣爲最著。低水時期，河底巨石畢露，舟行激流中，稍有不愼，卽易罹禍。關河口在河之左岸，係一大鎭。關河源出五眼井堡，西南流至是入河，亦要隘也。龍口一段亦極驚險，惟無曲折，舟駛較易。出龍口後，山勢頓展，且斷低平，河身亦寬，水流漸穩，再經下檢樹灣，不數里卽至河曲矣。

河曲縣在黃河左岸，地勢高出河面三〇公尺以上，爲長城要衝之一。自河口鎭抵此，水路約一五〇公里。河曲附近，急湍甚多。

水坡在鐙口以上，約一比五，〇〇〇，鐙口至河口一比三，三〇〇，河口至河曲一比八〇〇至一比一，〇〇〇，河曲之南，六潤河由東來注。過保德，朱家川自東注入。至興縣之裴家川嵐漪河自東北流入。更南流至溫家川窟野河自西北來會。至離石軍渡之南，三川河自左來會。南行無定河經陝西之橫山榆林米脂綏德諸縣自西北來會。爲河曲至潼關間支流之最長者。南行，清澗河汾川河依次自右來會。

以下過壺口之瀑布，流經山峽中。六五公里至禹門口。壺口瀑布隨水位而高低。中水位時約十二公尺。至禹門口兩山忽斷，兩岸岩石突出，入河中作環抱，扼河流，水勢甚急。自托克托至禹門口一帶，比降漸增，超越千分之一。

禹門口以下，地勢擴展，汾河自山西省西南流經河津入黄。過韓城至平民，涑水自左岸注入。至華陰縣東北境，河流自南折而向東，成九十度之大灣曲。最大支流，渭河自右來會。

由陝間山嶺交延，水流急湍，航行不易，僅龍門潼關間局部通航。潼關至陝州河寬次第漸狹，大體爲三〇〇公尺。宏農河自靈寶西關由南匯入。陝州下游洪水面寬三〇〇至五〇〇公尺，兩岸形成狹谷。築壩地點以陝州之三門峽，垣曲下游三〇公里之八里胡同及孟津以上二八公里之小浪池三處爲最宜。其中三門峽交通最便，與治水事業關係極切。

三門峽河道突出，岩盤形成島嶼。河床極堅硬。三門自南至北，依次曰鬼門，神門，人門。過砥柱東北流，達垣曲縣城，東南流，過孟津之北，洛河合伊澗瀍諸水自鞏縣之北來會。更東流，左岸合沁水，沁水自太行山脈之西側南流。經晉城沁陽至武陟之北，急激流向南轉，注入黄河。

第五節　孟津至海口

黄河自孟津以下，紆迴曲折於豫、冀、魯、蘇、皖、五省之大平原，奔馳放蕩，遷徙靡常。北徙則侵衛自天津以入渤海，南決則合淮以入江海。試一展地圖，則孟津，天津，渤海，黄海，與淮河水系之間，二十七萬平方公里之大冲積平原，概爲黄河蕩漾泛濫之區。有史以來，河道大徙七次。約言之，不外循以下四河道以行：

一、衛河河道，即循衛河由天津入海之河道也。通稱禹河，即西曆前二，二七八年至六〇二年，西曆前六〇二年至西曆一一年，及西曆一〇四八年至一一九四年之河道。

二、濟水河道，即咸豐五年銅瓦廂決口後，迄民二十七年花園口決口前黄河流經之河道。經由開封、蘭封、濟南、利津、注入渤海。

三、徐州河道，即咸豐五年銅瓦廂決口前，由蘭封與隴海綫平行，至徐州更經宿遷、泗陽、淮陰、至阜寧縣入黄海。

四、入淮河道，即二十七年六月以後所經之河道。黄河決於右岸花園口，水循賈魯河、沙河、及穎河河道，東南流，達正陽關與淮河本流合流。東北流經蚌埠入洪澤湖，更由三河流入高郵湖後，合運河，於三江鎮，注入揚子江。

孟津以下，入大平原，東水範流，全賴堤防。南堤起自河南省廣武縣保和寨迤東，經河南省之鄭縣，中牟、開封、陳留、蘭封、考城，河北省之長垣、東明、濮陽、山東省之濮縣、范縣、鄆城、壽張、陽穀縣境爲止。以下東平、東阿、肥城、平陰等縣境，以南岸接近山麓無堤。再起於長清之宋家橋，經歷城、章邱、濟陽、齊東、青城、濱縣、蒲台縣境至利津寧海村爲止。寧海村而下至海口約七〇公里無堤。南岸大隄，計共長五七〇公里（內十里堡至宋家橋一段無堤）。

北堤起自河南省之孟縣邊村以東，經溫縣、孟縣、武陟、原武、陽武、封邱、開封、至陳留之西壩頭，長約一七五公里。西壩頭至河北省之大車集十八公里無大堤。再自長垣之大車集，經河南滑縣，河北濮陽，山東濮陽，至壽張縣境止，長約九二公里。山東北堤起自濮縣高隄口以東，經冠縣、范縣、壽張、陽穀、至東阿、陶城埠是爲金隄。自陶城埠經平陰、肥城、長清、歷城、濟陽、惠民、濱縣至利津蠶窩村爲止，長四一五公里。蠶窩村以下七〇公里無隄防。北岸大隄共長約六八〇公里。南北兩岸大堤共長約一，二五〇公里。（參閱中國水利問題上冊一一九至一二一頁）。

兩岸大隄相距，極不規則，平漢鉄橋至蘭封間平均堤距達十公里，低水槽寬三〇〇至四〇〇公尺，流頗迂曲。蘭封姜溝間南北兩堤距離四至五公里，至二三十公里。低水槽灣曲甚大，水面寬廣。姜溝濼口間南北兩堤相迫，河寬最多不過一公里，河道即低水槽。（參閱東亞研究所第一調查（黃河）委員會綜合報告書）

濼口以下，蜿蜒東北流，經利津出蠶窩，經三角洲間，亂流注入渤海。利津至河口約八〇公里之間，平均比降一比六，五〇〇。利津以上之比降約一比一〇，〇〇〇。利津以東無堤，低水槽較爲固定，三角洲每年伸長入海約三〇〇至四〇〇公尺。

黃河自發源至入海，沿河距離，比降，及高程見表三。

表三　黃河距離及落差

區域	距離(公里)	落差(公尺)	比降	高程（公尺）
水源—星宿海	150	205	1:730	4,455
星宿海—鄂陵海	249	130	1:1,920	4,250
鄂陵海—貴德	960	1,680	1:570	4,120
貴德—蘭州	382	850	1:450	2,440
蘭州—寧夏	348	524	1:670	1,590

寧夏—包頭	560	71	1:7,890	1,066
包頭—龍門	829	630	1:1,320	995
龍門—潼關	133	59	1:2,250	365
潼關—陝州	86	16	1:5,380	306
陝州—孟津	195	171	1:1,140	290
孟津—鞏縣	35	13	1:2,690	119
鞏縣—平漢鐵橋	64	13	1:4,920	106
平漢鐵橋—銅瓦廂	123	23	1:5,350	93
銅瓦廂—東明	93	15	1:6,200	70
東明—十里堡	113	15	1:7,530	55
十里堡—濼口	135	15	1:9,000	40
濼口—利津	177	14	1:12,640	35
利津—鹽窩	25	3	1:8,330	11
鹽窩—河口	43	8	1:5,830	8

參考資料：

一、黃河水利委員會上游工程處第二查勘隊——黃河上游蘭州至貴德段查勘報告書——民國三十年七月。
二、黃河水利委員會上游工程處第一查勘隊——蘭州至甯夏黃河查勘報告書。
三、黃河水利委員會寧夏工程總隊——寧夏河東河西兩區水利工程計劃綱要——民國三十五年八月。
四、華北水利委員會——黃河中游調查報告——民國二十三年十月。
五、東亞研究所——第二調查（黃河）委員會綜合報告書——昭和十九年六月（民國三十三年六月）。
六、李書田等——中國水利問題上册——民國二十六年二月。

第三章 氣象與水文

劉德潤

第一節 概說

中國近代氣象觀測，始於同治十二年法人在上海徐家匯設置之天文台。其後各地氣象台，測候所等相繼開設。國民政府成立以來，更增設中央氣象研究所及各地測候所。黃河流域氣象觀測間有由各地水文站兼辦者。

黃河之水文，以現代科學方法從事調查，測驗，爲期極暫。前順直水利委員會於民國七年在灤口，八年在陝州始設置水文站。前者代表平原地區，後者代表山峽地區。陝州之洪水流量爲治河計劃之依據，惜其後時斷時續。民國二十二年九月黃河水利委員會成立，一方致力於水文調查測驗之整備，同時積極從事黃河各種查勘與測量。對於黃河現況，始漸明瞭。抗戰期間，黃河下游測驗工作，多被迫中斷，勝利後始陸續復員。截至目前止，計有水文站十七處，水位站二十處。現有之水文水位站暨黃河水利委員會三十六年度擬增設之水文水位站見圖一。

第二節 氣溫

黃河流域之氣象，顯然可分爲兩季：一爲基於冬季西北風而起之寒冷、乾燥、少雨季節；一爲基於夏季東南風之溫暖、潤濕、多雨季節。此種因季節不同而起不同方向之風，曰季節風。中國本部之氣候，概括言之，咸受季節風之支配。海岸部尤爲顯著。

氣溫日較差，即一日間氣溫之變化。最高普通在下午二時至三時，最低在日出時，（晨五時至七時）。赤道及其鄰近，晝熱夜長，一日間氣溫差較大。兩極晝涼夜短，氣溫差較小。例如印度日夜差爲攝氏十二度左右，挪威斯比資伯根（Spitzebergen）島則僅一·五度。內陸白晝之吸熱易，夜間散熱亦易。故內陸之日較差大，沿海之日較差小。例如青島之日較差爲六·九度，北平爲一一·三度，山西蒙綏地區在十二度以上。

一日間之平均氣溫曰日溫，其計算方法爲一日間二十四小時氣溫之平均，或早二時、六時、十時，與下午二時、六時、十時，等六小時內之平均，或早六時，下午二時，十時，三數之平均，或早七時，下午一時、九時，三數之平均。以公式表之如下：

$$T\ av.=\frac{\sum_{1}^{24} T}{24} \qquad (1)$$

$$T\ av.=\frac{T_2+T_6+T_{10}+T_{14}+T_{18}+T_{22}}{6} \qquad (2)$$

$$T\ av.=\frac{T_6+T_{14}+T_{22}}{3} \qquad (3)$$

$$T\ av.=\frac{T_7+T_{13}+T_{21}}{3} \qquad (4)$$

氣溫年較差，即氣溫之季節變化。在赤道附近，一年氣溫有兩次最高和兩次最低。例如在巴達維亞，（Batavia），五月，十月，氣溫最高，三月，七月最低。其高低之差稍僅攝氏一度。愈近兩極地方則年較差愈大。例如陝縣之氣溫年較差爲二八·三度，太原爲三二·七度，包頭爲三六·三度。沿海爲海洋氣候，年較差小，內陸爲大陸氣候，年較差大。例如青島年較差爲二六·二度，開封年較差爲三〇·二度。黃河流域各地月平均氣溫，普通以一月爲最低，七月爲最高，（參閱表一）。

凡氣溫日較差及年較差劇烈之地方，曰大陸性地方。大陸性以下列方法表示：

$$大陸性=\frac{氣溫年較差（攝氏）}{緯度}\times 100\%$$

茲根據既往資料，計算黃河流域各地大陸性如表二。

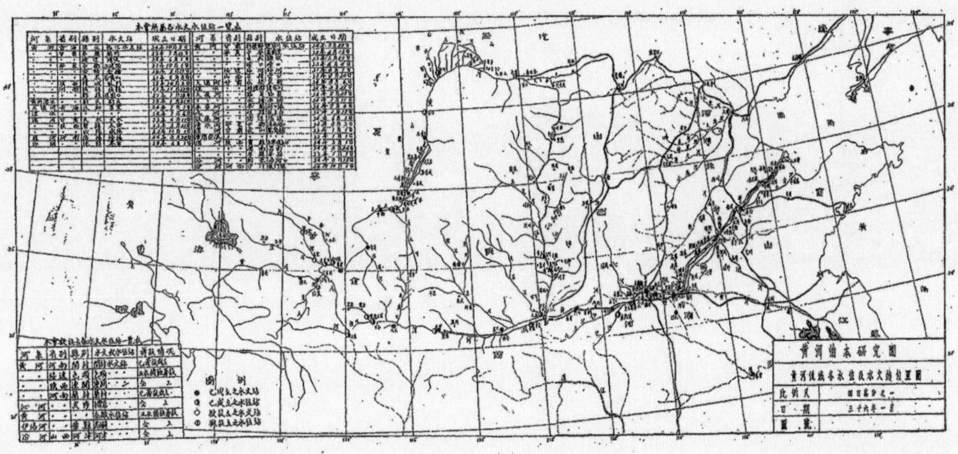
黄河治本研究圖
黄河流域各水位及水文站位置圖
比例尺 四百萬分之一
日期 三十六年一月
圖號
圖例

表一　黄河流域各地大陸性

省別	地名	最高氣溫（月平均）		最低氣溫（月平均）		年較差	緯度	大陸性
		月份	氣溫（攝氏）	月份	氣溫（攝氏）			
寧夏	金積	7	23.3	1	—7.7	31.0		
	沙坡頭	7	25.3	1	—5.1	30.4		
	石嘴山	7	26.2	1	—10.0	36.2		
綏遠	包頭	6	22.2	1	—14.1	36.3		
	二十四頃地	7	22.7	12	—15.2	37.9		
甘肅	蘭州	7	22.8	1	—6.8	29.6	36.05	82
	松樹嘴莊	7	22.8	1	—6.7	29.5		
陝西	通遠坊	7	30.0	1	0.8	29.2	34.7	84
	西安	7	28.1	1	—0.8	28.9	34.4	84
	龍門	7	28.2	1	—0.5	28.7		
	潼關	7	26.9	1	—2.4	29.3		
山西	陽高	7	19.0	1	—9.8	28.8	40.4	71
	大同	7	24.8	1	—8.1	32.9	40.1	82
	太原	7	25.4	1	—7.3	32.7	37.9	86
河北	大名	7	28,8	1	—2.1	30.9	36.3	85
	清苑	7	26.8	1	—4.5	31.3	38.9	80
	天津	7	26.1	1	—4.1	30.2	39.2	77

第三章　氣象與水文　一五

省別	地名	最高氣温（月平均）		最低氣温（月平均）		年較差	緯度	大陸性
		月份	氣温（攝氏）	月份	氣温（攝氏）			
	北平	7	26.1	1	—4.6	30.7	39.9	77
	秦皇島	8	24.3	1	—6.1	30.4	39.9	76
河南	陝縣	7	28.8	1	0.5	29.3	34.8	84
	開封	7	29.0	1	—1.2	30.2	34.9	87
	太康	7	27.2	1	2.9	30.1	34.0	89
	汲縣	6	27.1	12	—2.2	29.3	35.4	83
山東	陶城埠	7	28.0	1	—1.1	29.1		
	濼口	7	28.0	1	—2.0	30.0	36.8	82
	利津	7	27.6	1	—3.2	30.8		
	青島	8	25.0	1	—1.2	26.2	36.1	73
	臨沂	8	27.6	1	—3.3	30.9	35.1	88
	泰山	7	19.0	1	—12.0	31.0	36.3	86
江蘇	徐州	7	28.3	1	—1.1	29.4	34.3	86
	淮陰	8	29.0	1	2.7	31.7	33.6	94
	東海	8	29.1	1	1.4	30.5	34.6	88
安徽	蒙城	8	27.8	1	3.1	30.9	32.4	96

由上表知，黄河流域各地之大陸性，均在百分之七十以上。而緯度相仿之美國舊金山爲百分之一四·六。葡萄牙里斯本爲百分之三〇。

年平均氣温之分布，最高值在淮陰、東海一帶，約攝氏十六度。西北向，氣温逐漸低下，包頭附近最低，約爲六度。

氣温之地理的變化，在冬季等温綫大概與緯度平行，自南向北而低下，以後套之攝氏零下十四度爲最低。夏季沿海地帶等温綫與緯度成直角。以西及以北，與緯度平行，（參閱胡煥庸黄河志第一篇氣象一月等温線及七月等温綫圖）。

第三節　濕度，雲量，風，蒸發。

一、濕度：有兩種表示方法：以空氣中所含水分之重量表示者，曰「絕對濕度」（Absolute Humidity）。以空氣中實有水分之重量與同温空氣飽和水分之重量之比者曰「相對濕度」（Relative humidity），用百分比表示之。平均言之，相對濕度自東南向西北遞減，山西省中部及蒙疆年平均約百分之五五，華北大平原中部百分之六〇，臨海沿線百分之七〇，山東半島達百分之七五〇。

一年中最乾燥時期在三四月，甘青一帶相對濕度約百分之四五。最濕潤在七八九三個月，山東半島一帶月平均在百分之八〇以上。

濕度之日變化與氣温異。日出前最大，午時以後最小。

二、雲量：雲量以零至十數字表示之，雲不及天空表面十分之一，曰「〇」，不及十分之二，曰「1」，不及十分之三，曰「2」，依此類推，天空完全被雲所遮曰「10」。

揚子江流域年平均雲量在「6」以上，黄河流域在「5」以下。例如青島年平均雲量爲五·〇，北平四·六，太原二·七。雲量四季分配：揚子江流域冬大，夏小。黄河流域冬小，夏大。此概由於大陸氣流與海洋氣流消漲之所致。

三、風：風向在冬季多北及西北風，夏季多南及東南風，海岸地帶吹海陸風，山岳地帶吹山谷風。年風力最大在四月，山東沿海地帶，月平均達每秒六公尺以上，其他概在四公尺以下。又最小在八月，沿海地方普通二公尺內外。

一日之變化，午後二時至五時最大，午前四時以後最小。

四、蒸發：蒸發量依氣温、雲量、風力、濕度、而不同。黄河流域氣象乾燥，每年總蒸發量多在年雨量以上，如下表所示：

表二　黃河流域各地年蒸發量

地名	年蒸發量（公厘）	年雨量（公厘）	地名	年蒸發量（公厘）	年雨量（公厘）
蘭州	1355.1	319.5	陝縣	1249.4	544.0
金積	1511.3	236.2	孟津	1617.6	526.0
包頭	1409.0	409.8	灤口	1115.7	589.0
龍門	1491.0	404.5	利津	1410.3	488.7
西安	879.3	535.2	青島	710.4	664.3
潼關	1423.4	480.3			

若以月別論，則孟津以上，六月為最高，孟津以下，五月為最高。黃河流域蒸發量最低之月份概在一月。以四季言。則夏季最大，春季次之，秋季又次之，冬季最少。

第四節　雨量

一、雨之成因：黃河流域之降雨，概受海洋氣流及大陸氣流之交錯所支配。夏季海洋氣流侵入最強。沿海地帶勿論，遙及內陸之山西附近，亦受影響。海洋氣流與大陸氣流相遇，海洋氣流上升，其中含有水蒸汽冷卻凝結，因而降雨。此兩氣流之接界面勢力，消漲於海岸線附近至太行山脈之間，降雨地帶隨以變化。黃河流域降雨之原因，多起於此。兩氣流之接界面，由於大陸旋風颱風者次之。夏季太行山脈南部東側屢屢發生雷雨，卽爲海洋氣流與大陸氣流接界面現象。是等接界面依兩種氣流之勢力而移動，其速度極不規則。若兩勢力均衡，則在同一地區停滯，歷時甚長，於是暴雨降，洪水以起。

二、雨量之地理分佈：（參閱圖（二）黃河流域之雨量，隨地勢變化而不同。玆根據已有之資料，分析研討如下：

一、泰山多雨區：泰山因地形及位置之關係，降雨機會特多，爲黃河流域降雨之最多區。以泰山爲中心，年約八〇〇公厘，其周圍地區在五〇〇至六〇〇公厘之間。

二、華北大平原乾旱區：本區包括山東北部，及大名以北，平漢鐵路以東之河北省中部及南部地區。因地勢平坦，無山嶺之阻梗，海洋氣流卽使與大陸氣流相遇於本區，亦不易停留，致降雨機會少，形成乾旱區。本區以獻縣爲乾旱中心，平均年雨量在三五〇公厘左右，逐漸向外增加，鮮有超越五〇〇公厘者。

三、北平多雨區：本區因燕山山脈阻於北，五台山脈連綿於西，降雨機會多。以北平爲中心，平均年雨量在六五〇公厘左右。東至海濱，南沿太行山脈東麓，均在四五〇公厘以上。

四、邢台多雨區：本區西倚太行山，降雨機會多，以邢台爲中心。平均年雨量在六〇〇至六五〇公厘之間。東接華北大平原乾旱區，西沿太行山東麓南行至黃河，介於六〇〇至四五〇公厘之間。

五、山西台地：本區東南兩界太行山，西至黃河，北連綏察一部，全區海拔四〇〇公尺以上。因山脈之錯綜複雜，形成（一）、晉西北多雨區，以雲中山脈之管涔山爲中心，平均年雨量爲六〇〇公厘；（二）晉西南乾旱區，以隰縣爲中心，平均年雨量在二五〇公厘以下；（三），晉南多雨區，本區以中條山爲中心，平均年雨量概在五〇〇公厘以上，聞喜絳縣多至七五〇公厘。黃河流域除泰山區外，以本區雨量爲最多。

六、中原區：本區概在五〇〇公厘以上。豫西地形複雜，雨量變化甚劇，洛陽年雨量在六〇〇公厘左右。

七、六盤山脈地帶：本區往往發生特殊暴雨，雨天日數亦多。六盤山脈之南麓平均年雨量爲六〇〇公厘。涇河之巃異洪水，當爲六盤山脈東側暴雨區域所致。

六盤山之東爲關中盆地，平均年雨量約在五〇〇至八〇〇公厘之間。寶雞接近六盤山，雨量較多。

八、西北乾旱地區：黃河山陝之西，六盤山東南麓以北，概可稱爲西北乾旱區。東北西南向，可繪呈拋物線式之等雨量線，雨量自東南向西北遞減，以後套之一〇〇公厘左右爲最低，惟紀錄極缺乏，蘭州爲三六〇公厘，全積二四〇公厘，五原一二〇公厘包頭四一〇公厘。

黃河流域年雨量多在四〇〇公厘以下，五〇〇公厘之地區佔全流域百分之十，六〇〇公厘以上之地區佔百分之三。

三、雨量之季節變化：黃河流域雨量季節變化之奇特，隨其季節風之殊異而更甚。夏季海洋流強，故雨量多，冬季大陸氣流強，雨量少。根據以往資料分析，並統計結果，黃河流域雨量四季分配百分比為：

春季百分之十五。

夏季百分之六〇。

秋季百分之二一。

冬季百分之四。（詳見表二）

上項百分比為黃河流域各地四季雨量之「算術平均值」，（Arithmetical mean）。若依各地雨量站管轄範圍與紀錄年份，而予以適當之「重量」（Weight）求得「重量平均值」（Weighted mean）則更可代表其真確性。華北雨量四季分布百分比為春季百分之十一，夏季百分之七十三，秋季百分之十四，冬季百分之二，（參閱東亞研究所第二調查（黃河）委員會綜合報告書二八九頁）較之黃河流域更形奇特。雨量之集中於夏季也幾及全年四分之三，其餘四分之一，則分布於春秋冬三季。

全國各地之夏季雨量，佔全年雨量之百分比如次：

青島百分之五八，重慶百分之四一，漢口百分之四一，南京百分之四七，上海百分之四二，杭州百分之三八，溫州百分之四一，廣州百分之四八，梧州百分之四二，雲南百分之五八，（參閱東亞研究所第二調查（黃河）委員會綜合報告書二八七頁）。

由上可知，華北及黃河流域各地，夏季屢有洪水來襲之原因。

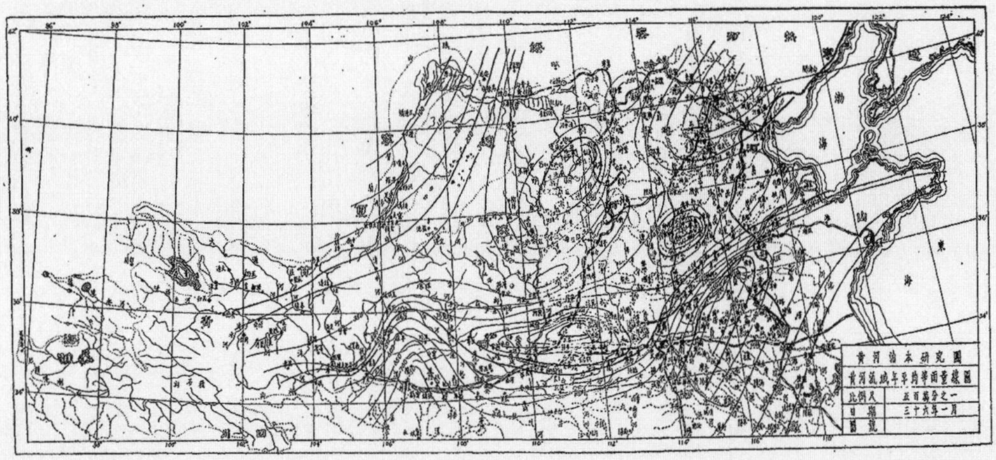
黄河治本研究團
黄河流域年平均等雨量線圖
比例尺 五百萬分之一
日期 三十六年一月
圖號
渤
海
東
海

表三　黃河流域各地雨量季節分配表(雨量以公厘計)

省別	地名	春季(3－5月) 雨量	春季(3－5月) 百分數	夏季(6－8月) 雨量	夏季(6－8月) 百分數	秋季(9－11月) 雨量	秋季(9－11月) 百分數	冬季(12　2月) 雨量	冬季(12　2月) 百分數	總計 雨量	總計 百分數	紀錄年份
	蘭州	49.3	15.2	196.2	60.2	71.5	22.0	8.7	2.6	325.7	100	民21—34
	永登	30.4	12.5	139.1	56.7	44.8	18.3	30.6	12.5	244.9	100	民29—30
	金積	43.8	18.5	25.4	53.1	55.0	23.3	12.0	5.1	236.2	100	民29—34
	平羅	23.0	16.3	80.6	57.2	36.9	26.3	0.3	2.2	140.8	100	民25—26 30—31
	五原	14.9	12.6	65.8	54.6	38.2	31.8	1.2	1.0	120.1	100	民24—26
	包頭	34.9	8.5	277.6	67.6	82.5	20.4	14.5	3.5	409.5	100	民24—26
	薩拉齊	46.3	13.2	222.4	63.3	59.4	16.0	23.4	6.7	351.5	100	民10 12—17 20—22
	二十四頃地	39.0	11.6	217.0	64.6	69.0	20.6	11.0	3.2	336.0	100	民6 9—19
	歸綏	58.3	13.6	286.6	67.0	79.9	18.6	5.1	1.2	429.9	100	民23—26
	府谷	2.4	4.4	38.8	71.5	12.6	23.2	0.5	0.9	54.3	100	民24—26
	榆林	39.1	8.7	308.2	68.3	95.5	21.5	6.9	1.5	449.7	100	民23—25
	吳堡	40.0	8.6	285.7	61.5	130.5	28.2	7.6	1.7	463.8	100	民23—24 26
	潼關	74.9	16.0	255.3	54.1	125.9	26.6	15.0	3.2	471.1	100	民23—26
	壺口	39.5	16.2	183.4	74.6	17.2	7.0	5.5	2.2	245.6	100	民24—26
	龍門	77.5	16.2	268.7	55.2	111.1	23.0	27.3	5.6	484.6	100	民23—34
	閻窑	215.4	27.2	407.1	51.4	108.3	13.7	61.6	7.7	792.4	100	民23—26
	陝縣	74.0	13.5	311.6	57.2	143.9	26.4	15.7	2.9	545.2	100	民23—33

第三章　氣象與水文　二一

表三（續） 黄河流域各地雨量季節分配表（雨量以公厘計）

省別	地名	春季（3－5月）		夏季（6—8月）		秋季（9—11月）		冬季（12—2月）		總計		紀錄年份
		雨量	百分數	雨量	百分數	雨量	百分數	雨量	百分數	雨量	百分數	
	周家口	175.3	26.2	308.3	45.9	78.9	11.7	108.8	16.2	671.3	100	民11－12 21—22
	孟津	63.7	12.1	340.4	64.7	101.4	19.2	21.3	4.0	526.8	100	民23－25
	開封	119.3	17.9	386.1	57.8	125.7	18.8	37.7	5.6	668.8	100	民23－26
	濮陽	85.1	12.2	487.5	69.6	109.3	15.7	17.8	2.5	699.7	100	民24－26
	陶城埠	98.6	12.3	574.2	71.8	101.7	12.7	25.5	3.2	800.0	100	民23—26
	濼口	68.1	11.6	373.7	63.4	120.1	20.4	27.1	4.6	589.0	100	民23—26
	利津	68.9	14.2	310.0	63.6	84.3	17.3	24.3	4.9	487.5	100	民23—26
	岷縣	109.1	21.0	261.4	50.4	138.8	26.7	9.9	1.9	519.2	100	民23—30
	山川口	46.5	18.9	107.8	44.0	78.6	31.8	13.3	5.3	246.2	100	民29—31
	鴛鴦鋪	100.3	27.3	161.4	44.0	101.6	27.7	3.5	1.0	366.8	100	民28－32
	太寅	114.7	15.7	383.8	52.7	210.2	28.8	20.1	2.8	728.8	100	民23—34
	咸陽	104.8	18.9	243.4	44.7	180.3	33.0	18.7	3.4	547.2	100	民23—34
	西安	111.5	20.8	235.7	44.0	171.0	32.0	17.1	3.2	535.3	100	民21－34
	華縣	91.1	17.8	257.1	50.2	150.9	29.5	13.0	2.5	512.1	100	民24－33
	白水鎮	109.3	15.7	368.9	53.0	188.2	27.0	30.4	4.3	696.8	100	民24—33
	邠縣	100.3	18.7	331.9	62.2	71.4	13.3	31.2	5.8	534.8	100	民23—24
	五棨	60.8	9.6	411.9	65.2	141.0	22.3	18.2	2.9	631.9	100	民23－25

表三(續) 黃河流域各地雨量季節分配表(雨量以公厘計)

省別	地名	春季(3—5月)		夏季(6—8月)		秋季(9—11月)		季冬(12—2月)		總計		紀錄年份
		雨量	百分數	雨量	百分數	雨量	百分數	雨量	百分數	雨量	百分數	
	太原	24.3	8.8	158.7	56.6	83.9	29.8	13.2	4.8	280.1	100	民23—26
	汾西	24.1	7.7	228.9	72.7	48.0	15.1	14.1	4.5	315.1	100	民23—25
	河津	60.2	13.4	296.5	67.0	75.0	16.7	13.1	2.9	444.8	100	民24—26
	晉城	54.7	10.8	372.3	73.5	49.7	9.8	29.6	5.9	506.3	100	民23—25
	洛陽	78.6	13.4	310.3	53.6	160.9	27.5	32.7	5.5	582.5	100	民23—33
	滎縣	79.2	16.5	314.8	66.0	60.9	12.6	23.3	4.9	478.2	100	民23—26
	平均		14.9		59.4		21.7		4.0			

四、雨量之歷年變化：黃河流域之降雨狀態，就一年言，偏著夏季。就歷年言，多雨少雨，頗趨極端。北平附近乾旱，則其南黃河流域多雨。反之，若北平多雨，則黃河流域乾旱。即如民九、十、十二、十五、二十四年北部旱魃，南部多雨。又民十一、十八、二十一年北部多雨，則南部少雨。此概基因於海洋氣流與大陸氣流勢力之消漲。試觀張家口與濼口之雨量傾向，即可見之。同樣現象，可於東部之天津，與西部之太原地方見之。民九、十六、二十一、二十三年，天津地方少雨，太原地方多雨。十二、十三、十八年適相反。同樣關係，見忻縣濼口安陽間。茲根據民九至二十五年十七年間之資料（東亞研究所第二調查（黃河）委員會綜合報告書七〇八頁）計算最大最小雨量比率及其偏差百分比(Deviation from the Mean)如表四。

表四 華北暨黃河流域各地最大最小雨量比率及其偏差百分比

地名	最大雨量(公厘)	最小雨量(公厘)	平均雨量(公厘)	最大/最小	(最大−平均)/平均 %	(最小−平均)/平均 %
張家口	618	133	356	4.6	73	—63

北平	1,059	256	572	4.1	85	—55
天津	807	317	510	2.6	58	—38
忻縣	679	271	440	2.5	54	—38
太原	523	253	374	2.1	40	—33
青島	1,247	376	659	3.3	89	—43
安陽	924	222	480	4.2	92	—54
灤口	838	254	499	3.3	68	—49
陝州	683	197	429	3.5	59	—54

自南至北，歷年雨量偏倚性遞增。日人曾取民九年至二十五年十七年間之資料分析如下表：（東亞研究所第二調查（黄河）委員會綜合報告書七〇八至七〇九頁）

表五.　歷年雨量偏倚性

地名	旱年		平年		雨年		地名	旱年		平年		雨年	
	年數	%	年數	%	年數	%		年數	%	年數	%	年數	%
張家口	4	24	8	47	5	30	青島	2	12	14	82	1	6
北平	7	41	5	29	5	29	安陽	3	18	12	71	2	12
天津	3	18	10	59	4	24	灤口	3	18	13	76	1	6
忻縣	2	12	13	76	2	12	陝縣	2	12	12	71	3	18
太原	2	12	12	71	3	18							

本表係就各地十七年間年雨量研究而得。年雨量未滿平年雨量百分之七十者，曰旱年。年雨量超過平年雨量百分之三十者，曰雨年。旱年雨年以外，曰平年。由此可知，張家口，北平，天津，等地，歷年偏倚性大，南方沿海地帶偏倚性小。

雨量之經年變化，以華北大平原爲甚。

五、暴雨：吾人暫以日雨量在五〇公厘以上者曰暴雨。黃河流域暴雨之狀況及其原因如下：

一、華北夏季之暴雨：日本海及其東太平洋上有高氣壓，其勢力及於渤海與黃海時，接近河北平原及山西地方之低氣壓，因而發生暴雨。

二、黃河上中游之暴雨，概爲地形性降雨。

三、山陝間及渭河涇河流域之暴雨，與黃河之洪水關係最深。

四、颱風降雨，對山東半島影響最甚。颱風由上海附近登陸，海洋氣流侵入華北，因而發生大雨。

五、春夏之時，大陸氣流與海洋氣流之接界面發生於太行山脈附近，遂見暴雨性之雨。

下表爲民國八年至二十五年，十七個年間華北主要地區之暴雨次數，及其月別：（日雨量在五〇公厘以上者）（東亞研究所第二調查（黃河）委員會綜合報告書七一四頁）

表六　華北主要地區之暴雨次數及其月別（日雨量在50公厘以上者）

		北平	天津	安陽	灤口	沂縣	太原	陝州
日雨量50公厘以上	五月	—	1	1	1	—	—	—
	六月	2	2	4	1	1	1	2
	七月	27	19	13	14	11	3	2
	八月	11	15	6	9	8	1	4
	九月	2	—	2	1	—	—	—
	十月	—	—	—	2	—	—	—
	計	42	37	26	28	20	5	8

	北平	天津	安陽	灤口	沂縣	太原	陝州
100—150公厘	5	5	3	3	1	—	—
150—200公厘	1	—	2	—	—	—	—
200—250公厘	1	—	—	—	—	—	—
250—300公厘	—	—	—	—	—	—	—
300公厘以上	—	—	—	—	—	—	—

同期間五〇公厘以上之日雨量日數，張家口爲八日，石門爲二十九日。以上暴雨，多在太行山以東，山西省之內陸部甚少。

夏季月雨量往往超過年雨量。在極端場合下，一日乃至三日間之雨量可超過年雨量。見表七。（東亞研究所第二調查（黃

河）委員會綜合報告書二九〇至二九二頁）

表七　華北暨黃河流域暴雨

觀測地點	月雨量		日雨量		連續日雨量		年雨量	
	年　月	雨量（公厘）	年月日	雨量（公量）	年月日起訖	雨量（公厘）	年度	雨量（公厘）
順德	13—7	611	13-7-16	307	13-7-15→17	390	12年 25	257 219
通縣	13－7 26－8	584 504	13-7-15	270	13-7-15→16	2[illegible]5	[illegible] 20 24 25	341 338 283 323
臨洺關	13—7	739	13-7-15	432	13-7-14→15	595		
歸綏	18—8 23－7	312 255					12 15 24	263 225 219
懷來	28－7	422					17 18 24 25	249 267 236 260
赤城	28－7	518			28-7-24→26	294	24 25 26	280 289 294
陽高	28—7 26－8	401 326					15 18 19 20 24	284 248 232 233 238
忻縣	8—7	307					9 25	271 304
平遙	21—7	383					13 17 24	202 213 193
新鄉	24—7	334					25	158

觀測地點	月雨量		日雨量		連續日雨量		年雨量	
	年　月	雨量(公厘)	年 月 日	雨量(公厘)	年月日起訖	雨量(公厘)	年度	雨量(公厘)
開封	24—7	431	19-7-24	156	19-7-23→24	197	19	173
壩頭鎮	24—7	369					25	301
衛輝	13—7 24—7	397 324					9 25	287 196
彰德	12—8	478	12-8-11	342	12-8-11→12 13-7-14→15	450 264	9	222
壽張	24—7	227					21	225
臨清	15—7 26—7	377 381			18-8-9→14 26-7-16→17	256 204	9 13 16	189 294 314
大名	26—8	336					9 18	251 244
保定	13—7	456			13-7-12→13 20-7-6→8	249 287	10 11 24 25	289 294 260 283
昌平	14—7 28—7	558 868	28-7-25	248	14-7-21→29 28-7-24→28	523 446	21 24	398 303
張家口	13—7 23—7	273 315	13-7-13	103	13-7-7→13 23-7-9→13	207 151	9 18	133 191
北平	光緒16—7 民 13—7 14—7	825 641 467	14-7-23	205	14-7-22→27 18-7-15→17	369 273	咸豐 4 同治 8 光緒 17 民 9 10 25	324 242 169 277 256 324
天津	光緒16—7 民 14—7 26—8	861 345 446			光緒 16-7-17→21 民14-7-21→29	559 339	光緒 28 民 21 24	254 334 320

如是降雨狀態，或發大水，或生大饑，此為華北雨量之特異性。

第五節　水位

水位以河水面之高程表示之。

水位漲落，隨季節而異。古人舉物候爲水勢之名，一年之中，按月有解凌水、信水、桃花水、菜花水、麥黃水、瓜蔓水、礬山水、荳花水、荻苗水、登高水、復槽水、蹙凌水之稱。後世簡化之爲四汛，桃、伏、秋、凌，是也。桃汛自清明日起，至二十日止。伏汛自夏至日起，至立秋日止。秋汛自立秋日起，至霜降日止。凌汛乃水凍冰凌之謂。考之河防各書，均不載起止日月，桃、伏、秋、三汛安瀾，便爲一年事畢，故又有三汛之名。此外非時暴漲，謂之客水。所謂十二月水名，與四汛、三汛，僅表示漲水之性質與時期，至若水位之高低，流量之大小，向未有精確之統計。直至濼口、陝州兩水文站成立後，始有科學之紀載。

水位漲落，依雨量，雨之強度（Intensity of Rainfall），降雨範圍，蒸發多寡，流域面積之大小，形狀與位置，流域及河道之地形與地質，氣象情形，地面排水，瀦水，與耕種情形，暨沿河用水，制水情形而不同。

黃河水位，忽漲忽落，高低懸殊，其漲也速，其落也驟，使下游任防守之責者疲於奔命。

黃河水位，以十二月或一月爲最低。至三四月間，上游雪融冰解，開始漲水，水位變化甚緩。五六月桃汛過，伏汛未來，又現低水位。七、八、九、三個月，則爲洪水位期。低水時，水位變化甚微，洪水時，水位變化甚速。洪水峯多現於七八月間，亦有延至九，十月者。十月以後，則水位之漲落漸減。霜降以後，又現低水。

蘭州以上黃河之水文紀載，爲期過短，無從參考。蘭州自三十年設置水文站，迄今已有六年資料。其最低水位多在十二月，以三十二年十二月及三十三年一月之一五四二•七〇公尺爲最低。最高水位多在七八月，間亦有在九月者，以三十五年九月之一五四八•一六公尺爲最高。其最高最低水位之差達五•五公尺，水位曲綫變化和緩。

河出黑山峽後，七百公里至包頭，殊少支流。河道廣緩紆曲，水得以瀦諜停蓄。是故金積，石嘴山，包頭等地之水位漲落亦甚平緩。

山陝之間，兩岸支流，源短坡陡。一遇暴雨，則建瓴疾注，影響至巨。故水位漲落甚劇。最高最低水位之差在壺口爲八•二二公尺，龍門爲七•八三公尺。

渭涇洛三河流域，形似蒲葵。若遇暴雨，則各流輻輳，如萬馬齊驅，匯於潼關。汾河流經山西台地，亦復類似。故潼關陝縣水位曲線，宛似奇峯突崖，驟起驟落，極不規則。陝縣最高最低水位之差竟達十公尺餘。

河出孟津入平原。右納伊洛汜諸水，左納沁水，河道寬數公里乃至數十公里，有存儲之效。故最高最低水位差較小，僅三四公尺。入山東境，兩堤復狹，高低水位差復增，在濼口爲七，〇六公尺。

黃河本支流各測站最高最低水位見表八。

表八　黃河流域各測站最高最低水位

河系	測站	最高 年 月	最高 水位(公尺)	最低 年 月	最低 水位(公尺)	最高最低水位差(公尺)	水準基點	附註
黃河	蘭州	35—9	1548.16	32—12 33—1	1542.70	5.46	寧夏工程總隊所設青銅峽假定基點	30年至35年9月
	沙坡頭	32—6	1113.55	33—2	1109.60	3.95	寧夏工程總隊所設青銅峽假定基點	32年至34年
	金積	32—7	1028.34	29—2	1023.83	4.51	寧夏工程總隊所設青銅峽假定基點	28年至34年 28年記載不全
	石嘴山	32—7	980.54	33—12	975.57	4.97	寧夏工程總隊所設青銅峽假定基點	32年至34年
	包頭	25—4	989.91	25—11	987.01	2.90	平綏路基點	23年至26年 23年及26年記載不全
	壺口	33—7	592.17	34—6	583.95	8.22	假定	33年至34年
	龍門	31—8	93.74	24—1	85.91	7.83	假定	23年至34年 23,25,27,及30年記載不全
	潼關	24—8	324.48	23—1	319.88	4.60	大沽	23年至28年 25及27兩年記載不全
	陝縣	31—8 22—8	299.35 298.23	17— 23—1	288.88 288.97	10.47	大沽	8年至32年 27年3月14,15,兩日記載缺 33年及34年記載不全
	秦廠	24—8	96.33	23—1	92.35	2.98	大沽	23年至26年9月
	花園口	27—10	91.97	—4 32—	88.20 88.34	3.77	大沽	27年至32年 30年至33年記載不全
	中牟	24—8	88.25	26—12	85.22	3.03	大沽	24年至26年 24年記載不全
	高村	24—8	62.24	24—2	57.62	4.62	大沽	23年至26年 23年及25年不全

表八（續） 黃河流域各測站最高最低水位

河系	測站	最高水位 年 月	最高水位 水位（公尺）	最低水位 年 月	最低水位 水位（公尺）	最高最低水位差（公尺）	水準基點	附註
	陶城埠	26—8	43.17	25—1	36.48	6.69	大沽	22年至26年 23年記載不全
	濼口	26—9	30.50	8—	23.44	7.06	大沽	8年至26年 26年10月記載中斷
	利津	25—9	13.17	—1	9.21	3.96	大沽	23年7月至26年10月
湟河	上川口	29—8	1172.58	33—12	1170.19	2.39	假定	29年至33年
大通河	上川口	32—5	1160.92	33—12 33—1	1150.28	10.64	假定	29年至33年
莊浪河	永登	32—8	2768.72	32—1 2	2767.06	1.66	假定	29年至32年
洮河	龍王台	32—7	7.16	31—7 33—8	5.00	2.16	假定	31年至34年
無定河	綏德	26—	95.28	25	89.16	6.12	假定	25年至27年 27年記載不全
汾河	河津	26—9	97.22	26—5	92.48	4.74	假定	24年至26年 23年及25年記載不全
渭河	太寅	25—8	590.65	32—6	587.04	3.61	大沽	23年至34年
	咸陽	34—9	385.00	25—7	381.76	3.24	大沽	23年至34年
	華縣	34—8	337.95	—7	330.37	7.58	大沽	24年至34年 24年僅有汛期記載
涇河	張家山	29—	449.67	3—	437.01	12.66	假定	23年至30年
北洛河	狀頭	23—	111.80	23—	100.52	11.28	假定	23年
伊河	龍門鎮	—8	153.80	—8	147.65	6.15	大沽	25年至32年 24年及26年記載不全
南洛河	洛陽	28—7	132.24	25—1	126.68	5.57	大沽	25年至32年 24,25,及33年記載不全
	鞏縣	26—8 24—	113.79 113.90	25—5	106.68	7.22		24年至26年 26年記載不全
沁河	水欒店	26—	102.57	25—	98.65	3.92		23年至26年 24年及26年記載不全

第六節 流量

流量每隨水位漲落以增減，惜黃河河槽斷面變化倏忽，難得固定之關係。黃河流量因降雨狀態而不同，以十二月或一月為最小，變化亦最少。三四月間，上游解凍，流量增加，桃汛至。民國十二年三月三十日及二十四年三月二十日桃汛顯著，流量在二千秒立方公尺以上。二十二年四月磴口黃河潰決三百里，地方化為泥澤。（東亞研究所第二調查（黃河）委員會綜合報告書七一九頁），五六月復現低水，當有小於冬季者。低水流量，大部來自包頭以上，山陝間各支流以及渭涇洛諸河，或乾枯，或流量甚微。六月以降，漸入雨季，流量增加。惟以土壤乾燥，水位未達最高。七月末至八月中旬，暴雨頻發，且土壤中含有多量水分，河水激增。最大流量出現，是謂伏汛。九、十月，一般降雨減少，流量漸減。惟土壤保有多量水分，一遇大雨，即發生洪水，是曰秋汛。二十三年十月初之流量達一萬秒立方公尺，為稀有現象。十一月流量更小，十二月末流冰開始。寒冷時，流冰停滯，水位抬高。直至二月之解冰期，擾起水災，稱為凌汛。

黃河水利委員會曾分析陝縣歷年較大洪水流量來源如下表（黃河水文第十九頁）

表九 陝縣歷年較大洪水流量來源分析表（單位秒立方公尺）

日期			來自包頭以上者	來至包頭龍門間者	來自龍門潼關間者					來自潼關陝縣間者	陝縣之洪水流量
年	月	日			汾河	渭河	涇河	洛河	其他		
22	8	10	2,200		1,800	4,000	12,000	300	2,300（包頭至潼關之其他支流）		22,600
24	8	7	1,820	4,600	83	560	1,420	125	3,892	5,760	18,260
26	8	1	2,650	3,345	30	490	20	290	1,075	8,600	16,500
31	8	4	2,100	20,900		130	290	100	5,180（包括汾河）	300	29,000

黄河各地最大最小流量及其比率見表十。

表十　黄河流域各測站最大最小流量及其比率（流量以秒立方公尺計）

河系	測站	最大		最小		最大	附註
		年月	流量	年月	流量	最小	
黄河	蘭州	35—9	5750	31—	290	19.8	23—26,29-30,32-34，各年記載不全
	沙坡頭	32—7	3180	33-2	196	16.2	31,32,34，各年記載不全
	金積	32—6	5230	32-3	290	18.1	28,29,30,31,33,34，各年記載不全
	石嘴山	32-7	12400	-12	218	56.7	31,33,34，各年記載不全
	包頭	26-8	3060	25-11	175	17.5	23,25,26，三年記載不全
	吳堡	-8	14400	12	78	18.5	
	壺口	35—8	8700				33年僅有汛期記載34年記載不全
	龍門	26—8	19750	25-12	134	147.5	23,28年記載不全 25年記載不全
	潼關	24-8	13600	23—1	50	272	26年記載不全
	陝縣	31-8	29000*	23—1	160	181	有*符號者係按比率曲線推算
	秦廠	23-8	14050	23—1	200	70.25	24年記載不全
	中牟	24-8	19500	25-12	150	130	24,26年記載不全
	高村	24-7	12300	24—2	76	162*	23年僅有汛期記載
	陶城埠	26—8	9000	25—1	1.6	5625*	23年及26年僅有汛期記載
	濼口	26—9	13.000	24-12	37	351*	26年僅有汛期記載

河系	測站	最大 年月	最大 流量	最小 年月	最小 流量	最大/最小	附註
	利津	26—	9000	24—	75	120*	23,25,26,僅有汛期記載
湟河	上川口	29—8	860	29—6	12	71.6	28年記載不全
大通河	上川口	29—9	360	30—12	16	22.5	
莊浪河	永登	29—8	152	29—1	0.7	217	28年記載不全30年僅有汛期記載
無定河	綏德	25—	1232	26—	13	94.5	僅就現存記載加以統計
汾河	河津	—9	1950	24—6	0.5	3950	23,25,26,各年記載不全
渭河	太寅	—7	3800	—8	2	1900	23,26,33,34.各年記載不全
	咸陽	30—9	9400	30—7	4	2350	
	華縣	26—9	5880	7	18	327	24,30,33,各年記載不全
涇河	張家山	29—	8451	24—	0.4	21100	僅就現存記載加以統計
北洛河	洑頭	23—	2050				僅就現存記載加以統計
南洛河	洛陽	26—8	3499	—8	1.0	3499	33,各年記載不全
	鞏縣	26—8	7740	25—8	5	1548	23,26,各年記載不全
沁河	木欒店	—8	2740	—3	1 (0.7)	2740	23,24,25,26,諸年記載不全

*民國二十二，二十三及二十四年黃河迭次決口，故水流記載頗非正常，特附說明。

黃河各地全年總流量見表十一。

表十一　黃河各地全年總流量統計表（以立方公尺計）（下表括弧內係全年平均流量，秒立方公尺）

年份 / 測站	23	24	25	26	27	28	歷年平均流量	備註
蘭州					43,906,325,440 (1,400)	27,557,245,440 (880)	1,140	
包頭		43,635,355,808 (1380)					1,380	
龍門		44,421,652,800 (1400)	29,217,525,120 (930)	50,421,009,000 (1600)			1,310	
潼關	46,009,728,000 (1460)	56,367,536,728 (1790)	43,235,544,960 (1370)				1,540	
陝縣	44,306,738,000 (1,460)	58,004,000,000 (1,840)	41,246,098,560 (1,310)	72,305,611,200 (2,300)	62,353,048,320 (1980)	38,377,169,280 (1220)	1,675	
孟津			42,146,714,880 (1,340)				1,340	
秦廠	50,275,432,000 (1,600)						1,600	
中牟			46,506,234,240 (1,480)				1,480	
高村		55,499,589,304 (1,760)					1,760	
陶城埠		28,234,783,008 (900)	38,789,668,800 (1,230)	68,005,431,360 (2,150)			1,430	
濼口	56,055,576,000 (1780)	38,180,515,920 (1210)	40,636,200,960 (1290)				1,430	
利津		38,475,983,034 (1220)	37,975,124,160 (1200)				1,210	

陝縣最大洪水流量之估計，據黃河水利委員會推算結果如左：

十五年一遇之洪水為二〇，〇〇〇秒立方公尺，

二十年一遇之洪水為二四，〇〇〇秒立方公尺，

五十年一遇之洪水為二八，〇〇〇秒立方公尺，

一百年一遇之洪水為三二，〇〇〇秒立方公尺，

黃河流域逕流係數，平均言之，約爲百分之二十。

第七節　含沙量

泥沙在河流中之運行，可分爲「推移質」（Bed load）「懸游質」（Suspended load）與「跳躍質」（Saltation load）三種。推移質爲由於河流推引力（Tractive force）而滑動或滾行於河床上之泥沙。懸游質爲由於河流向上分速之支持，與向前分速之推動，不與河床或河岸接觸而運行之泥沙。跳躍質爲時而接觸河床時而懸浮水中，而運行之泥沙。泥沙運行之方式不同，估算之法各異。推移質與懸浮質運行之法則，已有人論及，而跳躍質則尚無法以繩之。

影響泥沙運行之因子，爲流速（大小，分佈與底速），流量、水深、水坡、黏着性、水温、比重、流水現象，與泥沙之大小，比重，有效値，（Effective Size）均匀係數（Uniformity Coefficient）空隙、形狀、均匀率（Uniformity modulus）等。

以洪水流量言，黃河最大爲二九，〇〇〇秒立方公尺，揚子江爲七〇，〇〇〇秒立方公尺，密西西比河爲八〇，〇〇〇秒立方公尺，永定河爲八，〇〇〇秒立方公尺。以輸沙量言，黃河每年爲十億立方公尺，揚子江年三億立方公尺，密西西比河年二•三億立方公尺，永定河年二千七百萬立方公尺，全世界河流年九十二億立方公尺。以洪水流量言，黃河爲揚子江或密西西比河三分之一，爲永定河之四倍。以輸沙量言，黃河爲揚子江之三倍強，爲密西西比河之四倍強，爲永定河之四十倍弱，爲全世界河流總輸沙九分之一。此巨量之泥沙爲黃河之一大特徵，亦河道屢屢變遷，年年大決口之主要原因。現在洪水之不能控制，水力之不能利用，水運之不發達者以此，黃河流域經濟之日就衰落者亦以此。

黃河之難治，在洪水之勢強，水位上漲之急激，及河床之上昇。當黃土地帶大雨時，山地崩落，河岸陷沒，大量泥沙隨洪水以下流。

黃河泥沙之來源主要在山陝兩省，由青寧綏各省而來者較少。河曲以上，含沙量最高鮮有超過百分之十者，最小幾近於零，平均概在百分之一以下。河曲以下，經過山陝間之峽谷，各支流爲第三紀之粘土層及黃土地帶，雨水侵蝕，多量泥沙，攜以俱流。含沙量最大達百分之四十以上，平均在百分之一•五左右。

渭河流域南側水諸水，源於秦嶺山脈花崗岩之沙礫地帶，含沙量少。反之，左支涇河洛河由黃土地帶流下，泥沙多，涇河之最大含沙量達百分之五十以上，洛河者達百分之六十以上。

陝縣黃河含沙量，最大爲百分之四六•一四，平均爲一•九七。陝縣以下則遞減，灤口最大爲百分之一〇•九二，平均

(一)二八、黃河本支流各站逐年最大最小及平均含沙量見表十二。

表十二　民國二十三年至三十四年黃河本支流各站逐年最大最小及平均含沙量表

（以重量之百分計）

河系	測站	項別＼年份	23	24	25	26	27	28	29	30	31	32	33	34	備註
黃河	蘭州	最大			4.08	1.6[illegible]	3.11	1.10	0.30	1.71	18.75	13.00	1.65	1.40	23年至30年及33年34年記載不及全年
		最小									0.00	0.01			
		平均									0.47	0.77			
	沙坡頭	最大										4.53	3.46	1.8[illegible]	30及31年記載不及全年
		最小										0.00	0.01	0.00	
		平均										0.34	0.29	0.34	
	金積	最大							33.97	6.08	4.54	13.43	4.04	29.92	28年記載不及全年
		最小							0.01	0.01	0.01	0.01	0.01	0.01	
		平均							0.42	0.16	0.28	0.46	0.33	0.65	
	石嘴山	最大										5.13	5.39	3.20	31年至34年記載皆不及全年
		最小													
		平均													
	包頭	最大	2.55	1.22	1.80	1.26									23,24及26年記載不及全年
		最小			0.04										
		平均			0.39										
	吳堡	最大		11.50	28.16	22.51									24年至26年記載不及全年
		最小			0.02	0.05									
		平均													
	磧口	最大											15.60	4.74	33年及34年記載不及全年
		最小													
		平均													
	龍門	最大	31.52	33.46	23.78	23.60	13.32	15.23	42.16	19.29	23.45	18.92			23,25,27,30,及33年記載不及全年
		最小		0.03	0.02	0.03		0.53	0.28		0.36	0.07			
		平均		1.32		1.92		1.78	1.75		1.28	1.10			
	潼關	最大	17.19	18.95	14.14	22.53									27年記載不及全年
		最小	0.32	0.11	0.18	0.17									
		平均	1.91	1.23	1.24	1.46									
	陝縣	最大	38.14	19.54	17.14	16.73	7.64	12.07	30.07	17.30	46.14	10.94			28,29,及33年記載不及全年
		最小	0.29	0.32	0.32	0.29	0.11	0.60		0.37	0.40	0.43			
		平均	2.76	2.29	1.15	2.24	2.33			1.62	2.25	1.53			

河系	測站	項別＼年	23	24	25	26	27	28	29	30	31	32	33	34	備註
	孟津	最大			13.41	13.01									24年及26年記載不及全年
		最小			0.05										
		平均			1.37										
	秦廠	最大	18.75												24年記載不及全年
		最小	0.24												
		平均	2.39												
	花園口	最大								11.20		8.92			27年至31年及33年記載不及全年
		最小										0.80			
		平均										4.24			
	中牟	最大		14.34	9.18	13.51									24年及27年記載不及全年
		最小			0.10	0.56									
		平均			1.82	2.39									
	高村	最大	11.42	10.15											23年及25年記載不及全年
		最小		0.05											
		平均		1.42											
	董莊	最大			6.44	7.05									25年至27年記載不及全年
		最小													
		平均													
	陶城埠	最大	12.26	9.56	6.56	2.69									23年記載不及全年
		最小		0.02	0.01	0.15									
		平均		1.46	1.40	1.76									
	濼口	最大	10.92	5.48	5.13	7.21									26年記載不及全年
		最小	0.06	0.03	0.01										
		平均	1.88	0.87	0.99										
	利津	最大	10.92	6.01	5.23	9.34									23年至26年記載不及全年
		最小		0.01	0.00										
		平均		0.89	1.04										
湟河	上川口	最大							11.16	5.91					28年及31年記載不及全年
		最小							0.02	0.02					
		平均							0.32	0.20					
大通河	上川口	最大							1.31	0.47					31年記載不及全年
		最小							0.01	0.01					
		平均							0.05	0.07					
莊浪河	水登	最大							0.06	0.40					28年及30年記載不及全年
		最小							0.00						
		平均							0.04						

河系	站別	項別＼年份	23	24	25	26	27	28	29	30	31	23	33	34	備註
三川河	柳林鎮	最大			12.98	39.05									24年及26年記載不及全年
		最小													
		平均													
無定河	趙石窰	最大									07.50	61.29			僅就現存記載加以統計
		最小										0.08			
		平均										3.88			
	綏德	最大			47.73	49.13									僅就現存記載加以統計
		最小			0.12	0.18									
		平均			7.31	1.93									
汾河	河津	最大	8.25	10.50	12.08	16.07									23年至26年記載皆不及全年
		最小		0.02	0.02										
		平均		0.68	0.09										
渭河	太寗	最大	35.61	20.76	40.34	42.89	3.80	31.86	32.11	30.75	7.32	17.01	30.70	47.18	23年及33年紀載不及全年
		最小		0.02	0.01	0.01	0.03	0.01	0.01	0.01	0.01	0.01		0.01	
		平均		2.38	1.66	2.66	0.47	1.22	1.72	1.48	0.59	1.16		5.29	
	咸陽	最大	30.77	32.30	18.43	22.78	11.92	13.70	17.85	35.55	35.26	16.46	27.54	31.43	
		最小	0.05	0.01	0.03	0.04	0.02	0.02	0.01	0.03	0.01	0.03	0.01	0.07	
		平均	22.41	1.38	0.93	1.72	1.09	0.83	1.17	1.67	1.10	1.25	1.48	2.12	
	華縣	最大		29.31	21.68	44.23	12.14	17.68	10.64	26.20	24.34	5.75			24年32年及33年記載不全
		最小			0.07	0.06	0.08	0.01	0.03	0.04	0.03				
		平均			0.86	2.04	1.12	1.51	0.94	1.50	1.10				
涇河	張家川	最大	45.90	36.90	37.70	54.70	40.72	48.04	48.21	37.08					僅就現存記載加以統計
		最小	0.20	0.00	0.00	0.00	0.00	0.00	0.00	0.00					
		平均	2.88	2.47	1.50	3.31	2.22	2.49	4.35	2.54					
洛河	洑頭	最大	63.00	33.40		42.30		43.15							僅就現存記載加以統計
		最小													
		平均													
雒河	洛陽	最大			3.05	0.58	3.65	1.82	4.77	3.93	0.09	0.10			24年及28年記載不及全年
		最小			0.00	0.00	0.00		0.00	0.00	0.00	0.00			
		平均			0.07	0.05	0.31		0.54	0.22	0.01	0.01			
	鞏縣	最大	6.42	6.44	4.69	6.30									23年至26年記載皆不及全年
		最小													
		平均													
沁河	木欒店	最大	5.50	8.79	2.64	6.20									23年至26年記載皆不及全年
		最小													
		平均													

由表十二觀之，黃河本流含沙量以陝縣爲最大，以上以下均遞減。黃河各地全年總輸沙量見表十三。

表十三　黃河各地全年總輸沙量表（以立方公尺計）

站名＼總輸沙量＼年份	二十三年	二十四年	二十五年	二十六年
龍門		748,141,028	336,653,200	1,026,762,360
潼關	949,581,443	738,385,904	419,539,392	
陝縣	1,451,942,115	1,272,276,288	409,127,328	1,853,629,620
孟津			626,690,304	
秦廠	1,460,641,904			
中牟			720,392,832	
高村		799,449,916		
陶城埠		393,197,848	602,367,840	1,083,888,864
濼口	1,110,252,312	315,798,216	506,820,672	
利津		342,306,656	461,759,616	

由表十三觀之，陝縣至濼口間每年泥沙之淤積量爲四至八億立方公尺，每年之輸入海者亦復相同。黃河含沙量之觀測，民國八年十年始於陝州濼口，一時中斷，民十八年，始以正式方法繼續爲之。黃河最大之含沙量，多發生於洪水峯過去之後，惟最大含沙總量則與最大流量同時發生。

參考資料

一、黃河水利委員會——黃河水文——

二、黄河水利委員會水文總站——黄河之水文——民國三十五年

三、胡焕庸——黄河志第一篇氣象——民國二十五年十月

四、張含英——黄河志第三篇水文工程——民國二十五年十一月

五、東亞研究所第二調查（黄河）委員會綜合報告書——昭和十九年六月（民國三十三年六月）

↑ 蘭州中正山水土保持實驗區

↑ 龍羊峽下门

↑ 甘肅省之砂地

↑ 蘭州乘皮筏出發

↑ 黃河大峽之內套人鍋

↑ 青銅峽漢渠渠首

↑ 甘肅靖遠靖豐渠放淤第二進水閘

↑ 寧夏雲亭渠渠首

第四章 地質

張伯聲

第一節 地形與地質概說

一、黃河之縱斷地形

黃河流經之地形可分爲縱斷面與橫斷面兩方面言之。縱斷面由上而下則有青海高原，青甘山地，甯綏平原，晉陝山地，汾渭平原，晉豫山地，及華北平原。由華北平原至青海高原有如登臨階梯。華北平原東起海濱西至孟津極爲遼闊，長過八百公里，（註一），孟津拔海則頗低平，不過一百二十公尺（註二）。此段河道水流迂緩，上流泥沙最易淤積，爲黃汜最緊之區。華北平原西北限於山西高原，西南止於豫西山地，是爲黃河縱斷階梯之最底層。由孟津沿山峽至潼關二百四十餘公里，上升至拔海三百三十餘公尺。故此段河道之比降相當高。其所流經者爲晉豫山地，兩岸峽、峙、水流甚急。水力事業多在於此。是爲黃河縱斷梯階梯之第一梯磴。由潼關至禹門口爲汾渭平原。南北長距一百三十公里，拔海不過三百五十公尺（註三），地勢平坦，亦多氾濫之災。是爲第二階層。禹門口而上至河口，爲晉陝山地。東屏山西高原，西臨鄂爾多斯高原及陝北黃土高原，亦爲峽險地帶，水利事業頗爲有望。此段河道全長五百九十公里，海拔升高幾達一千公尺。是爲第二梯磴。由河口至中衛之沙坡頭爲寧綏平原。北有大青山烏拉山狼山爲屏，西有賀蘭山爲障。東南爲其環抱者則有鄂爾多斯高原。平原全長八百餘公里，而沙坡頭河面之海拔不過一千一百餘公尺。河道屈曲，流速極緩，爲吾國灌溉事業最盛之區。是爲第三階層。由沙坡頭經甘肅峽谷地帶至青海貴德之龍羊峽，山巒重叠，峽谷甚多。峽谷之間又有小型平原，有如大階梯地形中之小階梯。峽谷岩層頗爲堅硬，水利建設均極有望。此段爲青甘山地，全長五百六十公里。龍羊峽之海拔可達二千二百公尺，是爲第三梯磴。自龍羊峽急升至鄂陵湖約一千公里，海拔升至四千二百餘公尺，是爲最陡梯磴，亦可爲第三梯磴之上部。此段地帶甚爲荒涼，雖有水利，亦難開發。青海高原在鄂陵湖以上，乃河源所在，海拔超過四千三百公尺，爲最高階層。梯磴地帶地面俱受深切式的剝蝕，故多深谷大峽。階層區域地面多行淤積，或經橫切式的剝蝕，故多遼闊平原。此乃一般之現象。

二、黃河之橫斷地形

黃河橫斷面之地形無論在山地或平原，均有其一致性的景象。由河道向兩岸山坡行，或由沖積平原向兩側行，均可遭遇相似之階級地形。此種階梯地形與前節所述者不同。其在縱斷面者，因範圍太廣距離過大，不能一目瞭然。至於橫斷面之階梯，因其距離範圍在視線以內，可於當地見之。

黃河及其支流兩岸之階級地形，在陝甘諸省均稱爲原。原有三級，最低者在沖積平原之上約十餘公尺（註四），稱爲三道原。在五十公尺以上者爲二道原。最上者在一百五十至二百公尺以上爲頭道原。在三百公尺左右每見有波浪狀或邱陵狀之地形，若於其上俯瞰遠眺，實爲平曠無垠，未始不可稱之爲超頭道原。實際上每道原，又可分爲兩道或數道小原，而此等小原之應屬於第幾道原，若不詳加察勘分析，固難乍作決定。

平原之地，頭二三諸原均頗平坦而爲黃土所覆蓋。其最高之超頭道原亦有薄層黃土之表皮。超頭道原之上每呈大海波濤流線起伏之狀。此種情形在六盤山上極目西望最爲顯著。六盤山突現於黃土波濤之上頗似突起海面之列島。陝西北部亦多類似之情形。蘭州西南之波濤地形漸入山嶺地區，有如海灣之以半島環抱。至於青海貴德以上，此種超頭道原竟爲山完全圍繞，反似內陸之黃土湖泊。

山嶺峽谷之處，黃河及其支流之兩岸每見岩石台原高出河面二十餘公尺。可以比於黃土原之三道原，或爲二道原形成以前之岩石台原。至於更高之二道原則因風化侵蝕地形零亂不甚顯著。頭道原及超頭道原如經發現必有黃土之覆蓋。三門峽河道有石島橫臥，高出河面二十餘公尺，乃相當於三道原之岩石台原。三門村所在之石台覆有黃土，高出河面五十餘公尺，可比於二道原。三門以南之黃土嶺高出河面一百五十公尺，可比於頭道原。禹門口之石島及其兩側之石台高出河面二十餘公尺相當於三道原。禹門兩側山嶺上有黃土坡高二百數十公尺，或爲頭道原之遺跡。壺口西岸懸崖上之龍王陵高出河面百餘公尺相當於二道原。桑柏村在壺口西四五公里之處高居黃土原上，爲頭道原，桑柏西南五公里之黃土高嶺則爲超頭道原之遺跡。

岩石台原面積廣大，且三台均甚顯著之處，厥惟鄂爾多斯高原。在當綏路上可以遠望棹子山爲頭道岩石台原。百眼窰所在爲二道岩石台，而蘇貴召所在爲三道岩石台，岩石台原之上常爲一層砂礫所覆，或可比之於黃土層下之底礫，又或可與黃土同期。

甘肅沿河之峽谷中每見相當於三道原之岩石台原。兩岸之道路在其上，頗似人工開鑿之公路基礎。岩石之二道原不甚清楚。更上之頭道原及超頭道原均爲黃土所覆。

自華北平原至青甘山地，均有遞漸升高之三層台原。假想三層原尚未被流水侵蝕之世，紅色層及黃土之堆積極盛一時。當日之地面應較目前平坦廣大。其所表現之黃土大海黃土湖泊及黃土海灣應更爲清楚。此一平廣地面可以高出現今河面百餘公尺以至三百公尺。足徵黃土堆積後地盤之普遍上升。因其上升不均，其高差自異，而三道原之在沿河各地之比較高度自亦不同。

黃土層之厚薄不甚一律。其超過一百公尺者則無所知。其爲二三十公尺者極爲普通，而幾層黃土原之高差多至三百公尺。如謂黃土層之厚度皆達三百公尺以上，則於華北諸省廣大面積之中似應發見幾處厚層黃土。今既無所發見，則黃土前之地形如何情景，可得兩說。(一)黃土堆積以前已經剝蝕成現在之地面，而於其上鋪積薄層黃土。黃土既爲風成，則能掩蓋高低階層之地面，可無問題。果如是，則前節比喻之黃土大海黃土海灣及黃土湖泊即成無稽之談。(二)紅色層堆積之後，地盤上升，剝蝕達於最高黃土層之底部，然後因氣候之轉燥，鋪積一層最高與最古之黃土層，而成爲平曠之黃土海地形。嗣又經地殼上升及氣候轉變，發生叠次侵蝕與重複堆積，造成今日之幾層台原。如第一說，則數層原上之黃土均爲全期產物，其底部之情形應隨地變化，不得一律。如後說則超頭道原上之黃土最古，依次至三道原上之黃土最新，且因流水剝蝕與風土堆積相間爲用，在流水剝蝕較盛之期生底礫，較緩之時有淤土或次生黃土，在風成黃土堆積較盛之時鋪積黃土。頭道原以此造成。是爲第一週期。再轉而爲流水期及風積期之第二週期造成二道原。嗣後更轉生三道原。三層台原上之層序多甚相似，先成底礫，再爲淤土，最上積黃土。（註五）此乃有利於第二說之一點。若能對於黃土以下之紅土層作精密之研究得知頭道原之黃土下紅黏土較古於其在二道原或三道原者，則後說卽可作進一步之證明。

若以中國之黃土期分爲數期而與歐美之冰期作比較，則前節所述之第二說，可以更得其解。歐洲及北美洲在洪積世爲冰世界。歐亞大陸過於廣大，且處於西風帶。洪積世時歐洲之風恆自大西洋吹來，潤濕而多雪。及其過中亞至新疆蒙古已成乾風。在歐洲積雪過多而成冰海。在中亞新蒙等地因風乾寒而易使岩石碎化。碎化岩層之極細者，吹送陝甘晉豫各省積爲黃土。吾國東南亦可因海上吹來之季候風致雪較多而構成高山，鄂西等處之冰川。（註六）歐美之冰期有四，冰間期有三。第一冰期之寒雪氣候至第一間冰期轉變溫和濕潤。地面氣候之大變化，吾國地方自難例外。歐美之第一冰期相當中國之第一黃土期造成黃土海。第一間冰期相當於第一間黃土期，流水侵蝕復與將超頭道原侵蝕達於頭道原之地位。第二冰期相當於第二黃土期。華北各地又成乾寒氣候，於頭道原上鋪積黃土。如此轉變，歐美之第二冰間期相當於吾國之第二間黃土期，蝕成二道原。第三冰間期相當第三間黃土期蝕成三道原。至第四冰期或第四黃土期完成三道原之黃土層。現代又轉爲較強之流水侵蝕期。其是否爲第四間黃土期尚難逆料。

以上所言中國之黃土期分爲四期與歐美之四個冰期相比照，是否有當，猶須來日地質研究之證明也。

三、黃土期前之地質

陝北黃土層每見淤土，淤土之下則有礫層。是乃由雨濕氣候轉入乾旱之徵，已於前節略加討論。黃土下之礫層在晉豫山地稱三門系。巴爾布以爲三門系與黃土之間有一長期侵蝕謂之淸水侵蝕期（註七）。實際上礫層堆積之時隨時隨地有被侵蝕之機會。故所謂淸水侵蝕者或不必代表一長期侵蝕，而僅爲一暫時之剝蝕現象。黃土底礫本身表示一長期侵蝕之產物。其侵蝕面居於礫層之下，且每見於蓬蒂系紅土之上。有時蓬蒂紅土與黃土直接接觸而無底礫層。在於較高地方如山西高原之上，該侵蝕面可以深切較古地層成爲山谷而使黃土與古代地層直接接觸。凡此黃土之下蓬蒂紅土之上，或較古地層上之侵蝕面，當然代表一長期侵蝕，是爲汾河侵蝕期。一般以汾河侵蝕爲黃土前之深切式的侵蝕。本文所言爲山西高原以外造成超頭道原底部之剝蝕平原之時期。在三道原造成說尚在芻議之時不擬新立名目。故凡黃土底礫以前蓬蒂紅土以後之侵蝕面無論其爲深切式之山谷地形或爲平切式的剝蝕平原地形，均以汾河侵蝕名之。汾河期侵蝕在山西高原觸處山谷地形，而在渭河陷谷方面因層岩較新，岩質較軟或已成爲高於現在河面之剝蝕平原。其位置相當於黃土之超頭道原之底部，此乃一古時平原，隨間黃土期之剝蝕，依次轉變爲頭二三道原。

在鄂爾多斯之西部，其層岩石大體爲緩傾之甘肅系紅色層。其浮層則爲水平之礫層系。德日進之說該層砂礫或可比之於黃土下之底礫層(註八)。按前節三道原發育之說該層砂礫容或相當於第二或第三間黃土期之物。如此則汾河期之侵蝕面在鄂爾多斯應更高於目前之高原面。

汾河期侵蝕面之在青甘山地見於超頭道原黃土之底面，或可有深切之谷形。至於現在之青海高原或仍維持其當日之黃土湖現象，汾河侵蝕面尚以其上有淤土砂礫之鋪蓋未克露出。

上新世蓬蒂紅土層與其下之甘肅系或其他第三紀初期之紅色層每成不整合關係。甘肅系多緩傾，或於紅色盆地之邊區作強烈之褶皺。是知中新世之喜馬拉雅造山運動波及黃河流域。造山之後繼以侵蝕，於紅色層上成一剝蝕平原，是爲唐縣侵蝕期。自青海至豫西之許多紅色盆地在造山以前由第三紀初期之紅色層填積殆滿。造山之後該層發生褶曲斷層。在青海之貴德，甘肅之靖遠，山西之垣曲(註九)等地此種構造極爲顯著。褶曲斷層以後經唐縣期之侵蝕成爲平原，其上鋪積蓬蒂系之紅土層。

始新世磚紅色之甘肅系與白堊紀紫色之六盤山系，據袁復禮說爲不整合關係（註十）而孫建初說則爲整合或假整合關係(註十一)。孫說，似比較合於實情。二者既爲整合或假整合，則較古之強烈侵蝕面當在白堊紀及白堊紀之前。時在燕山運動之後，吾國發生許多赤色盆地，填積白堊紀與始新世之紅色層，如貴德盆地，隴南盆地，隴西盆地，鄂爾多斯盆地，渭河斷谷，垣曲盆地等是也。窪者填積，高地剝削，是爲北台期侵蝕。其侵蝕面居於白堊紀及始新世紅色層之下，與較古地層之上。較古地層有爲石炭二疊紀煤系者，垣曲三門等處不乏其例。

總而言之，燕山運動以後，華北地面經長期之侵蝕，使堅強岩石所在之處成爲殘餘山脈，而使軟弱岩石所在之處成爲山間廣谷。此乃北台期侵蝕後之景象。嗣後地盤逐漸下陷，廣闊山谷漸行填塞淤積，成爲紅色盆地。再經中新世之喜馬拉雅運動轉入唐縣侵蝕期，褶曲斷裂之紅色層爲之剝蝕。其上鋪積蓬蒂系紅土層。汾河期侵蝕在山西高原因岩性堅硬切成山谷。其在陝甘則因紅色層之軟弱造成剝蝕平原。此後有黃土堆積及其後遞次剝蝕堆積，方成現在之台原地形。

超頭道原積成後，古代之殘餘山脈半爲黃土埋沒。地盤上升入於第一間黃土侵蝕期，蠕形之黃河在超頭道原上尋求其適意道路。深切以後河道固定。所經紅色盆地因地層軟弱，横蝕較速，造成廣谷原野。所經古生代或寒武前代堅硬地層之處仍行保留其由嶺而深蝕成峽谷。所以沿河峽谷之形成，多爲上層之遺傳。

四、北台期前之地質

黄河流域在北台期前之地質情形可以分爲秦嶺區與華北區南部敍述之。秦嶺地帶之岩層多經變質，難以分析，地質學者就其個人觀察之地方各是其說。華北區域之地層，層次比較清楚，說者大同小異。隴南隴西及青海之地質類似秦嶺。故在地質方面秦嶺地帶可以西伸至於南山。黄河上游在其範圍。黄河中游所在當綏晉陝豫諸省，可以華北地質概括言之。

秦嶺地帶西至南山東達大別。在侏羅紀以前三叠紀以後有一強烈之造山運動，使二叠紀及其以前之地層盡行變質。二叠紀之石灰岩每是結晶狀居於複向斜之軸部。其兩側則有石炭二叠紀之煤系。煤系中之薄層石灰岩每行結晶呈片狀砂頁岩則變爲片岩及石英岩。煤層成爲無煙炭。其薄者變爲石墨片岩。石炭二叠煤系以下之地層變質情形更爲複雜。其中有板岩，千枚岩，石英岩，雲母片岩，綠泥片岩，柘榴子石片岩等更居複向斜之外側，或居複背斜之軸部。複背斜軸部或有五台系或更古之片麻岩。凡此地層之中每見花崗岩及其他火成岩之侵入體，使其變質情形，難以縷析。（註十二）

三叠紀後之造山運動繼以侵蝕。侵蝕平原以上積有河縣及鳳之縣侏羅煤系（註十三）。此與下層變質岩系之不整合關係極爲顯明，而與上層之紅色礫岩成假整合之接觸。以上爲秦嶺本部之地質概略。

南山區之白堊紀紅色層稱紅溝系，與其下層之上侏羅系砂頁岩成假整合關係。該侏羅煤系稱窰街系。本區尚有龍鳳山系，含綠灰砂岩，黑頁岩夾煤層。依其化石性質應屬於下侏羅系。此與上述之上侏羅窰街系成不整合接觸。故前段所提之造山運動應發於上侏羅與下侏羅紀之間（註十四）。

窰街系因侏羅中葉之強烈造山運動可以掩覆其前期之任何地層，如石炭系及二叠三叠系是也。南山系之石炭二叠及三叠系之變質情形似不如秦嶺本部之強烈。石炭系在甘肅有臭牛溝石灰岩，層理頗厚，岩質細緻，顏色青灰，且含燧石結核。石炭二叠系爲砂頁岩夾煤層。二叠三叠系爲綠砂岩及頁岩，相間者有紅色砂頁岩。以此比較甘肅區域之古生代上部地層絕似華北，而與秦嶺本部頗不相同。

南山地帶於石炭系以下有強烈變質之地層，泥盆系及其以前之地層因變質混爲一體難分層目。普通稱爲南山系。其中包括片麻岩，片岩，石英岩，大理岩等。黄河上游及其支流所經之峽谷多爲該系堅硬地層抵抗侵蝕之結果。

華北區域於北台侵蝕期以前之地質，除陝北之侏羅白堊系過於豐厚外，其他情形，可謂大同小異。

山西高原之西部有呂梁山脈（註十五），走向西南，由禹門口渡河至於陝西爲黄龍山脈，造成陝西盆地（謂之陝北盆地似較適宜）與渭河斷谷之分界。呂梁山脈之東南山麓有太古元古代之最老地層，中含各種變質岩，片麻岩及片岩爲主，石英岩及大理岩時或有之。其上有震旦紀之矽質石灰岩及石英岩板岩等層。至於山脈之軸部則爲寒武與陶紀石灰岩。該層石灰岩總厚在一千公尺以上。寒武系居於下可三百公尺有頁岩及魚子狀石灰岩。奧陶系在其上，不下七百公尺，底部有頁質石灰岩，中部多厚層石灰岩而頂部多薄層石灰岩。顏色深灰藍灰，或紅灰。薄層者每夾多層頁岩。厚層者每隔數十公尺卽有頁質石灰岩夾於其中。在禹門口兩側之奧陶紀石灰岩，底部含燧石結核，結核色綠質細，是蛋白石狀。過渡於陝西境內，僅見奧陶紀石灰岩露於頭道黃土原以上。其南麓之最古地層或因黃土之掩蓋，或因斷層之陷落，不克發見。

過呂梁山脈及黃龍山脈向西北行，漸由軸部之奧陶紀石灰岩轉爲石灰二叠紀之煤系地帶卽入於三叠紀之紫色頁質砂岩夾綠灰黃等色之砂岩系。至陝北而有侏羅煤系，因其層厚且分布遍於陝北，亦稱陝西系。其中含灰色砂頁岩，下層有綠灰色及黑色頁岩夾煤層，又有白色及灰色砂岩，其灰色者有若干層含石油，傳聞一時之延長油礦，蓋卽指此。侏羅系最上層在陝西盆地之之北部有泥灰岩一層，厚二十公尺至七十公尺。更西北行則過白堊紀之紅砂岩夾少量之頁岩。該層可以蔓延及於鄂爾多斯高原。

反觀呂梁山脈之東南，汾河平原之岩層均爲黃土及冲積所層掩覆。過汾河平原爲中條山脈(註十六)及太行山脈。兩脈地質均爲華北式之各期地層而以奧陶紀石灰岩爲骨幹。太行山脈實際上於新安之八里胡同一帶渡河入於豫西山地，蓋以太行之奧陶紀石灰岩走向西南，八里胡同之奧陶石灰岩亦然，而八里胡同正在博愛濟源之西南也。

第二節 視察區地質誌略

黃河流域地形之發育及其他層之性質已於前節作約略之檢討。本節則將視察所及之地域作一個別之敍述。視察次序原就交通方便，先豫而陝依次上溯；再青而甘而寧而綏，順流下行。今則爲敍述之方便略改視察次序，先敍貴德之龍羊峽，蘭州以下各峽，再述中衞平原，寧夏平原，後套平原，歸綏平原，然後及於壺口，禹門口，最後說到三門峽與八里胡同。

一、貴德盆地及龍羊峽

貴德盆地在青海東部。東西長約六十餘公里，南北寬約二十餘公里。其四周爲羣山環繞。羣山地層多屬南山系之變質岩，片麻岩，片岩，石英岩，大理岩等均有之。盆地中則顯露第三紀之紅色地層及第四紀之黃灰色砂礫層。岩質雖極鬆軟，而經近代侵蝕所成地形皆爲懸崖峭壁，深溝狹澗，表示一種幼年狀態。居高望之，第四紀之黃灰色砂礫層之頂部仍表現其高原狀或波浪狀，是有超頭道原，高出河面達三百公尺。遠眺黃河北岸之山坡隱約可見頭道原之痕跡高出河面百餘公尺。往昔侵蝕偏於北岸，以致北岸之頭道原成爲岩石台原。高五十公尺以上之二道原極爲顯著，其上頗爲遼闊。至於三道原則多爲支流山澗沖積之扇形地所覆，亦呈波浪形狀。黃河流經比較窄狹之沖積平原蜿蜒蕩漾，西接龍羊峽之急流，東入松巴峽之險灘。貴德縣城在平原中部建築於沖積平原之較高處。沖積平原因地勢准下，得日暖風和之利，爲農產菓木繁茂之區。

龍羊峽在貴德西北二十餘公里，長十五公里。其東口有一層緻密狀的青砂石英岩，其底部未見露出，頂部則未及見。厚度超過二百公尺，當不成問題。岩層傾向下流，傾度十度至十五度。青砂石英岩中央有薄層綠色片岩。全部岩石曾經強烈擠壓變形，富於節理，風化後易成稜角碎塊，累累遍於山坡，頗似玄武岩之塌磊（註十七）。若不經意或不免認爲玄武岩也。

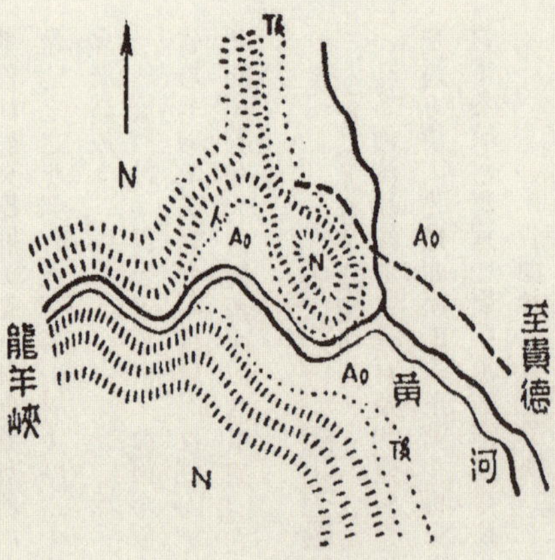

龍羊峽地質圖

比例尺約 ________ 500公尺

N南山系变質岩在此處爲青砂石英岩

Tk第三紀貴德紅色層

Ao第四紀或近代之老冲積層

峽口之北岸生有天然之紅色土墻，隔離大山與一孤立之山頭，顯示在北台侵蝕期有黃河之祖先河道穿過其處，入於貴德廣谷。嗣經紅色層及黃灰色砂礫層冲填阻塞，至於超頭道原之地位，黃河轉經現在道路，深切後遂使其祖上南岸之山叫變成目前北岸的孤山。是爲黃河穿峽多上層遺傳之一證。

龍羊峽下口之地質概况有如上述。深入峽內之地質情形則以未及親察難以申說。惟就南山系變質言之，峽內必有其他之變質岩如片麻岩，片岩，大理岩等物。而其片理之傾角方向亦當有複雜之變化。

松巴峽當貴德盆地之出口。就遠瞩情形，其兩岸山崖更高於龍羊峽。本屆視察雖未到達，然以拉鷄山之片麻岩以及孫積石山之塌磊觀之，亦應爲南山系變質岩分布之地帶。就岩質上言之，作爲水壩基礎自然不成問題。

貴德盆地以上及其下不乏類似之盆地，即不乏類似之峽谷。他日發展黃河上游之水利，其希望固不僅龍羊峽已也。

二、甘肅峽谷及峽間盆地

甘肅峽谷與峽間盆地頗似龍羊峽及松巴峽間之貴德盆地。由蘭州至中衛數百公里間峽谷甚多。小峽長二十餘公里。大峽以下則有寬廣之河谷，是爲條城盆地。由條城至蔣家灣二十餘公里入烏金峽。過十公里出峽至靖豐渠口過北灣靖遠而至三角城，地勢平坦，長五十餘公里。由三角城入紅山峽，至松山口爲止長百餘公里。紅山峽中所露出者爲第三紀紅色層及第四紀之灰黃色砂礫層與黃土。故紅山峽在松山口以上實乃靖遠盆地之一部。松山口以下至五佛寺五十餘公里，仍多峽谷，且亦爲紅色層，故亦稱紅山峽。今以桂山口以上至三角城一段稱上紅山峽，而其下至五佛寺一段稱下紅山峽。上紅山峽屬於靖遠盆地，而下紅山峽屬於五佛寺盆地。惟五佛寺平原之面積則頗爲狹小。由五佛寺過新莊子至金砂坪不過十餘公里。過金砂坪五公里至大廟而入黑山峽。峽長百餘公里，岩層多屬南山系綠色片岩間有石炭煤系及二叠三叠系之紫色層。由沙坡頭入於中衞平原，遂出甘肅峽谷之地帶。茲分述如下。

（一）蘭州盆地範圍極廣，實際上可以稱爲隴西盆地。東起隴山之西麓西至青海之東境。就地質言之，其底層爲曾經剝蝕之南山系，或更古之皋蘭系，在始新世以前已經造成一壯年的侵蝕面。南山系及皋蘭系升高之處，岩性堅強，陵削以成山嶺。石炭二層紀以及三層侏羅系窪陷之區，岩性軟弱，剝蝕而成盆地之基底。嗣因地盤下降，盆地之中堆積甘肅系紅色層以及上新世及洪積世之砂礫層與黃土層。其超頂道原頂道原二道原三道原及冲積原之地形極爲顯著。蘭州冲積平原長數十公里，頗富灌溉之利。

（二）小峽兩岸之岩層多屬南山系變質岩及花崗岩或片麻岩。大致言之，峽之兩端多片岩而峽之中部有花崗片麻岩。小峽下游各峽之地質情形多有類似。峽之兩岸斷見兩層岩石台原。低者二三十公尺，高者四五十公尺，相當於三道原及二道原之地位。峽中每過險灘急流，如犂水子，樹蕩等處。灘之構成爲支溝入黃之處將岩石大塊停積溝口，阻塞河道，下流降度轉陡，遂生急流。或因岸崖曾經崩塌，將大塊岩石墳塞河道。亦或因較硬之花崗岩或石英岩正當河道，其下遂成跌水。其他對於行筏危險地方則爲堅硬岩岸阻礙河道，使其急轉，而生漩渦，大溜逼近峭壁，以致筏子不敢順流行駛。

（三）泥灣盆地範圍甚小。小峽出口處爲河口，由此至泥灣二三公里，再至大峽上口之駱駝石不過五公里。其間有甘肅系紅色層及洪積世之砂礫層與黃土或淤土。三道原甚爲顯著。

（四）大峽與小峽之間僅隔泥灣之小盆地，且地質情形極爲相似，故可合爲一個單位，而泥灣不過其間之小變化。就地質構造言之大峽與小峽及下節所述之烏金峽，並無顯著之分別。其岩層均爲南山系之雲母片岩，石英片岩，綠泥片岩，片麻岩及花崗岩，夾微量之石英岩。花崗岩及片麻岩居於峽之中部而片岩當於峽谷之兩口。片岩之片理或層理之走向大致南北。其偏離南北線多不過十餘度。片理或層理之傾角每成直立，或高角，傾向東或西。以上所述之地質構造及地層分佈之情形可以表示大小峽或烏金峽之所在爲一複背斜層，而峽間盆地爲複向斜層。背斜軸部有古生代或古生代以前之火成變質岩作梗，經過長期侵蝕，殘餘成爲山嶺。向斜地方多爲晚期古生代之沉積岩，變質比較輕微，岩性比較軟弱，雖在向斜之處不易剝蝕，但因剝蝕期之過久而成爲低窪區域，紅至盆地之基礎於以造成。

大峽以內多險灘跌水與急灣漩渦，爲寧甘間皮筏航運之畏途。如大床拐子，煮人鍋，狼舌頭，青石峽，膠泥墹子，大照壁，小照壁等處，每可顧名思義而知其危險。其間以大床拐子，炎人鍋及青石峽之河面最爲窄狹險峭。青石峽地方河道較直，上下游均有較寬地帶。兩岸爲花崗岩或片麻花崗岩之懸崖。設如築壩可在其處尋覓壩址。

大峽之中每遇較寬之處，即有少量之紅色層及淤土層，實乃甘肅峽谷間之最小盆地也。

（五）條城平原在大峽與烏金峽間，上起西峽口，下至蔣家灣，長達二十餘公里，其中之岩石台原甚爲顯著。岩石台原之基層或爲南山系之綠泥片岩或爲甘肅系之紅色層。基層之上覆有砂礫層及黃土淤積層。兩岸有三道原二道及頭道原。而超頭道原之波浪狀地形，亦可於天邊山顛處窺見大略。

（六）烏金峽在蔣家灣下，全長十五公里，爲甘肅峽谷中之最短者。其兩岸山勢亦較低平。岩石概爲花崗麻片岩，僅於兩口處稍露綠色片岩。岸上岩石台原極爲寬平，可利用之以爲路基。

（七）靖遠盆地面積甚廣。由靖豐渠口至三角城約六十公里，爲沖積平原。由三角城至松山口亦約六十公里爲上紅山峽，屬於靖遠盆地之一部。全長一百二十公里。平原地帶之地形一如條城盆地。其爲淤土所成之二道原極爲廣闊。上紅山峽兩岸夾峙者爲甘肅系紅色層。紅色層上覆有砂礫層及淤土黃土層。甘肅系多砂岩礫岩及黏土，呈磚紅色。其中不乏摺曲與斷層。岩層傾角由水平以至直立，變化多端。自三角城至黃沙灣，峽谷頗寬，兩岸之紅色層與洪積世之砂礫層淤土層成一顯著之不整合關係。可以相當三道原之位置。其實乃超頭道原造成以前所成之岩石台原。黃沙灣而下，紅色層上或洪積世前之侵蝕面漸高。因於峽中乘筏而行，不能瞭望其上之是否有黃土原或超頭道原也。

（八）松山口介於上紅山峽與下紅山峽之間，峽長約五公里。兩岸有灰色砂頁岩及石灰岩，並有紫色砂頁岩層。就其性質揣度或應屬於石炭系及二叠三叠系。石灰岩居於松山口之中部，而上下游之砂頁岩向外傾，紫色砂頁岩更居於外側亦向外傾。遠於甘肅系紅色層之底而成爲不整合之接觸。石炭二叠及三叠系之各層雖各有局部之變化，其在松山口者顯係背斜構造，似無問題。松山口之岩石軽軟者多而堅實者少，且山口之處河面相當寬，山坡相當平，不宜築壩。

過松山口，東側有甘肅系紅色層而西側有較古之較硬地層。河道至此不再向東，反折西北而切入深峽，又爲上層遺傳之特徵。

（九）下紅山峽及五佛寺盆地在松山口之東北。峽內岩層有南山系之綠色片岩，石英二叠系砂頁岩及三叠系紫色砂頁岩。片岩系之傾角變化頗大。砂頁岩層則多緩傾。如在紅柳毛及索橋一帶之砂岩，傾角變化常在二十度左右。該層砂岩呈褐色。層薄約一二公寸，全厚約七十公尺。其底部礫岩出露於上鷲鷲坡，向南傾約四十五度，與南山系綠色片岩成不整合接觸。鷲鷲坡以下三百公尺地方因斷層關係，該層底部礫岩又行露出。此二層底礫岩及砂岩如果爲石炭二叠系之底層，則海西初期之造山運動在吾國又得一有力之證明。

至下窩窩坡河谷開朗，與三道原相似之岩石台原又行發見。在下窩窩坡與車木峽間遂見紫褐色層不整合於綠色片岩之上，而磚紅色之甘肅系又以不整合關係覆於紫褐層上。此乃燕山運動之表現。車木峽以下有煤系地層，北傾在五十度以上，亦與其上之甘肅系紅色層成不整合關係。於此可見甘肅系可與較古之任何層成不整合接觸，又可知在其堆積以前之侵蝕期極為悠久。

五佛寺盆地就視察所及不過略大於泥溝。在五佛寺登闊遠眺又見山嶺下之土坪石階，分布情形一如其他盆地。

（十）黑山峽入口處為大廟，距五方鎮或新莊子十五公里。此十五公里地帶大部為高出河面二三十公尺之岩石台原。台上有村曰金砂坪，其上砂礫層當為砂金之來源。此段地層概為石炭二疊紀煤系，順河走向約為北七十度東。就其傾角約略望之，由新莊子至大廟一段河道，頗似經流背斜之軸部。

由大廟入黑山峽，煤系地岩層似由斷層關係過渡於南山系綠泥片岩及綠色片狀砂岩。黑山峽內之地層幾全部為綠色片岩系。時或有石炭二疊紀之煤系因不整合關係及斷層影響為之保留。此種構造在南長灘及北長灘均甚清楚。由南長灘至北長灘二十餘公里，兩岸之綠色片岩所含砂質比較豐富，岩性比較堅實，兩壁因之頗為陡峭。如在黑山峽建壩，此段似為上選。北長灘以下過高崖盤，榆樹台子及石圈，二十餘公里之地帶，河谷比較開朗，兩岸山坡比較平緩，當以岩質鬆軟所致。石圈以下十公里至龍尾兒。河道之左岸為紫褐色砂頁岩，層理極為清晰，或為二疊三疊紀之地層。其右岸則仍為傾角紊亂之綠色岩系。二者關係或為斷層或為不整合，因為河水所沒難以確定。龍尾兒以下至一窩豬數公里地帶仍為綠色片岩層。過一窩豬河向北折，穿過石炭二疊煤系之岩石台原至沙坡頭而入中衛平原。沙坡頭附近之煤系地層與綠色岩層間之關係似為斷層，南升北降，斷距頗大。中衛盆地之造成與此斷層構造之關係頗為密切。

三、中衛平原及青銅峽

中衛平原西起沙坡頭東迄青銅峽，長達一百二十公里，南北之寬可及二十餘公里，與甘肅峽谷間之盆地的地形與地質，初無二致。在沙坡頭即見甘肅系紅色層不整合於煤系之砂頁岩上。而洪積世之灰黃色砂礫層及淤土層轉以不整合關係覆於甘肅系上。數道台原亦甚清楚。以上現象至青銅峽仍復出現。

賀蘭山與甘肅山地間之缺口，使西北風吹送阿拉善砂子達於河之西岸，遂使砂邱停積於洪積世之砂礫層上，造成沙坡頭之沙坡。

青銅峽長十公里。峽谷開闊，兩岸山坡平緩。南段岩層多片岩及板岩，北段多灰岩。石灰岩之性質頗似寒武奧陶系。果如是，則南段之片岩板岩可爲寒武前之震旦系。岩層構造，大致走向東西。板岩與片岩之傾角變化複雜。而石灰岩陡向南傾，斜向上水。

四、寧夏平原

甯夏平原南起青銅峽北至石咀子，長達二百公里，東西之寬不過五十公里。冲積平原極爲遼闊，乃吾國有史以來灌溉著名之地，實以其有青銅峽之進水口爲之便利，又以其西北方面有賀蘭山脈爲之屏障，阿拉善之風沙不得吹來，遂使其保持原有的冲積土壤也。

寧夏冲積平原之東，可以遙見鄂爾多斯高原，高原以上之台原地形將於下節敍述之。賀蘭山脈之地質構造，按寧夏地質調查所李士林之研究，頗爲複雜。其岩石系統屬於華北一類。（註十八）

五、鄂爾多斯高原

寧綏公路由甯夏平原北端之石咀子渡河，穿過鄂爾多斯高原西部。經一百六十公里至三盛公又渡過河西，而入後套平原。由石咀子至三盛公一段河道未經視察。然就石咀子以下之岩石台原觀之，河西之阿拉善高原與河東之鄂爾多斯高原在地質上應屬於一個單位，其實則因上層遺傳之黃河將其剖開也。東西二高原不同處在於近代風沙堆積之情形。阿拉善高原以賀蘭山脈與狼山山脈間之缺口輸來風沙，使成沙邱，遍布於岩石台原以上。沙邱逼近黃河，落入河底而爲流水冲刷，轉積於後套及其下游地帶成爲冲積層。因此風沙難以渡過河東，反觀鄂爾多斯高原，其因風化所生之較細沙子可以隨風吹向東南。故鄂爾多斯西部留積粗砂細礫以成戈壁。寧綏公路之所以不憚煩而兩渡河，實因河西沙邱逼之使然。

石咀子附近所露出者爲石炭二叠紀煤系，爲甯夏藏煤最富之區，煤層附近且多鉄礦。若好事開發，可以成爲寧夏礦冶中心。其他岩石構造多是波浪狀之褶曲。傾角平緩亦爲採礦之有利條件。

由石咀子渡河東北行，穿過石炭二叠煤系分佈之邱陵地帶，不過三十公里即達於紅色盆地。紅色層地層概爲磚紅色砂岩及頁岩，相當於甘肅系。傾角幾近水平。剝蝕後成爲階層狀之岩石台原。百眼窰在高層原，而羅貫召居於低層原。兩層原上均覆以粗砂細礫。該層砂礫或可屬之於黃土期。遠望棹子山，狀如方台，高出百眼窰台原可在兩百公尺以上，或係鄂爾多斯原上的超頭道原之遺跡。

六、後套平原

後套平原北有狼山及烏拉山環繞，南帶黃河，反抱鄂爾多斯高原。西起阿拉善沙漠，東至烏梁素海。中爲黃河冲積，平原廣闊，灌溉之利不亞甯夏。乃以地勢過於平坦，黃河氾濫之災在所不免。數百年間之週期遷流亦如華北黃河之三角洲。

黃河過樟子山峽，出磴口，入後套平原。地形變化當與地質有關。樟子山與阿拉善間出露石炭二叠紀煤系及其他古生代地層，比較堅硬。磴口以下之岩層轉爲甘肅系紅色層，比較鬆軟。故後套平原較易侵蝕。在現代冲積以前即已刻蝕成爲廣谷，冲積以後遂成遼闊之平原。

黃河河道，目今在平原之南邊，環流鄂爾多斯高原之麓。若干年前曾在平原北邊，迂迴於烏拉山麓。若干年後仍當返於北道，或流貫平原之中部。河至平原，降度過小，泥沙淤積而使河床逐漸增高，兩岸逐漸變低，遷流低窪，乃必然之勢。五原之北有烏加河，更北有烏拉濠，均爲黃河之故道。今者烏拉濠漲水則南瀉，而烏加河氾濫必北瀉，是知兩河之間爲最窪處。由黃引水入渠。衆多渠道均流向東北，且爲梁素海之出口已不通暢。是爲黃河現道已較烏拉濠與烏加河河道稍高之證明。就現勢推測，若干年後之河道將於西部遷入烏拉濠，循烏加河達於中部即流經烏拉濠與烏加河之間，及至東部則將歸流爲梁素海，匯爲一更大湖泊，然後南出西山咀而入現河道。

在五原時曾見由烏拉山運來之超無煙炭，其性質實已近於石墨。又得五原水利局在烏拉山所採石料，有片麻岩，石英岩等。故知狼山與烏拉山多爲變質之古生代地層。再就地形推測，狼山與烏拉山麓或當有甘肅系紅色層，其或爲山麓之扇形堆積所覆不得露出地面。西山咀之臥羊台蓋即如是。臥羊台爲一砂礫台原，與鄂爾多斯高原砂礫之地位相似，高度亦相若，故曾爲鄂爾多斯之一部，嗣經黃河割離者也。

七、烏拉山麓扇形地

後套以北之烏拉山可稱爲西烏拉山。其東自西山咀至包頭一段一百餘公里之山脈乃爲烏拉山之主脈。主脈之岩石大部爲紅色花崗片麻岩及少量片岩。或爲古生代或爲古生代以前之產物。此般河谷較窄，山麓之冲積扇可以逼近河槽。扇形地多爲砂土混合半稜角狀之礫石堆積而成。其形體每不甚大。至山根處扇形地之尖端甚爲清楚，尖端之上二十餘至五十公尺處，顯示一條平綫。平線以上則爲一類似臥羊台之台原。台原寬狹不等，有窄至僅餘一綫者。其上或覆有砂礫層，或已被冲去。台原邊線之外爲一懸崖，其處露出紅色花崗片麻岩。凡此情形均可表示其在鄂爾多斯高原形成之際，烏拉山麓之台原亦與鄂爾多斯相連爲一廣大平原。山麓台原實乃古時之許多較大之冲積扇所組成之山麓坡地，嗣經地盤上升，黃河得以重新切蝕，而被割離鄂爾多斯者。河槽曾經臨近烏拉山麓而將台原幾於完全蝕去，僅餘一線及其下之峭壁。其後又有衆多小冲積扇逼近河道逐漸遷流南部。有時崖線呈尖彎形尚能表示大冲積扇之遺跡。遺跡下之小冲積扇有如一漏斗套入大漏斗之形狀。如以鄂爾多斯台地上之砂礫層相當於黃土時期，則大冲積扇之侵蝕及小冲積扇之堆積應在黃土之後也。

崑都崙河在黄土期造成一大冲積扇，經過剝蝕僅餘一小部分。包頭市即建立於其上。侵蝕後又成立之小冲積扇則爲崑都崙所在地。崑都崙召建於大小兩冲積之界處，地下水由大冲積扇之崖脚滲出流經小冲積扇之坡上，水草豐美，遂爲召廟所在之一個主要理由。包頭市在殘餘之大冲積扇上，其井水因之甚深。

八、歸綏平原

歸綏平原在包頭以東，長達二百公里。平綏綫以北爲大青山山麓冲積坡，其南則爲可以灌溉之平原。因大青山冲積物較多，而鄂爾多斯高原冲積物較少，使黄河河道臨近南岸。

歸綏迤東二十五公里處爲美岱村，當大黑河離山入原之處。河之左岸有乾通渠者鑿入一邱陵狀之台地，成爲一人工之小峽口。其中岩石爲強烈變質之柘榴石片麻岩。台上則亦爲鄂爾多斯砂礫層。

黄河由大黑河口南折過托克托及河口，瀉流入於晉陝界上之峽谷。河口以上千餘公里之寧綏平原，降度極小，乃一大段沉積河道。由甘肅冲來之礫石砂土至此多爲保留。河口以下至於禹門之數百公里，河之峽谷，降度頗高，乃一段冲刷河道。陝北黄土多因此冲向下游。所以管制黄河下游之淤積，主要應在河口以下各處作計劃也。

九、壺口

壺口在宜川縣桑柏之東。由桑柏下慢坡四公里至龍王陂即到黄河峽谷之崖巔。在龍王陂上可以俯瞰壺口之奇景，壺口一帶黄河兩岸之形勢，下峭上緩。峽谷之底寬約二百五十至三百公尺。由谷底上升至龍王陂高約一百五十公尺，崖岸甚陡。龍王陂以上谷形開展，其坡平緩。黄河峽谷之橫剖面頗似漏斗。順流形勢上流寬而下流狹。龍王辿以上，黄河之水平漫峽谷之底部。龍王辿以下，河水由一小型瀑布匯入一深狹河槽，槽寬三十至五十公尺。兩岸平廣。俯視河面形狀亦如漏斗。瀑布之高在冬水期可達十五至二十公尺。夏秋之季不過四五公尺。洪水之時，其所謂瀑布者不過一急流耳，河水入於窄狹河槽，行三公里至孟門，復行開展，平漫谷底水勢又緩。此下爲砭針灘，可以擺渡，乃晉陝交通之孔道。

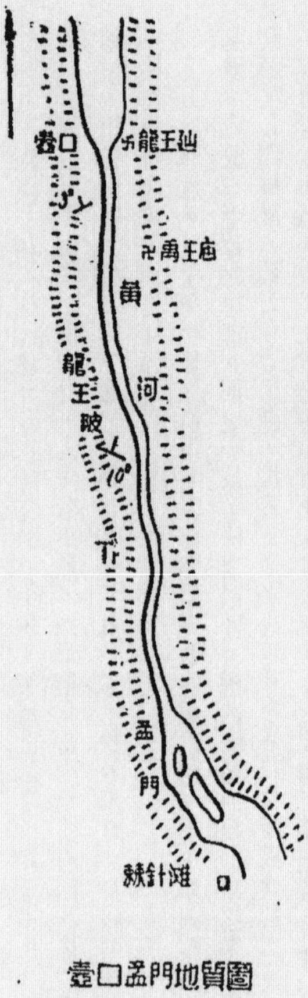

壺口孟門地質圖

比例尺約 500公尺

Tr三叠紀砂岩夾頁岩

壺口一帶之岩層屬於三叠紀，稱陝

西系，多爲厚層砂岩夾薄層頁質砂岩。薄層者厚數公寸至一公尺許，色紫紅或灰綠，極易破碎。厚層者在一公尺以上，或有超過十公尺者，其色黃褐，或灰或綠，或呈斑駁之色，比較堅硬。其間之軟質易碎頁質砂岩極不利於築壩。

砂岩構造約略水平，或向上水緩傾三四度。孟門山實乃河道中之兩個小島，高出河面數公尺，爲厚層綠砂岩所成。以其向上傾斜且較堅硬，遂爲壺口瀑布造成之主要原因。昔者河道侵蝕穿入該層砂岩之下卽遇軟弱之頁質砂岩。後爲回流掏蝕，厚層綠砂岩遂生暗崖而成瀑布。瀑布由孟門開始向上水進展，現達龍王廸。故此段深狹河槽實由岩石性質及其構造所致。

十、禹門口

禹門口或稱龍門，在韓城境，當黃河出晉陝峽谷入汾河或渭河平原之處。禹門兩側山嶺蘇互，走向東北西南，有如汾渭平原之北方屏障。汾渭平原因黃土期之數期侵蝕生爲數層台原，階梯顯然。禹門口門之處有岩石台原高出河面二十餘公尺。橫臥口門之石島乃此台原之一部，禹王廟之遺址卽在其上。河水至此分爲兩道放流而出。水位低時僅經東口，西口乾涸。就岩層性質及地形現狀推測，其地原爲瀑布，今則深切成爲急流。黃河一出禹門，水面放寬數里，造成以下數百里之冲積平原，是爲關中氾濫之區。

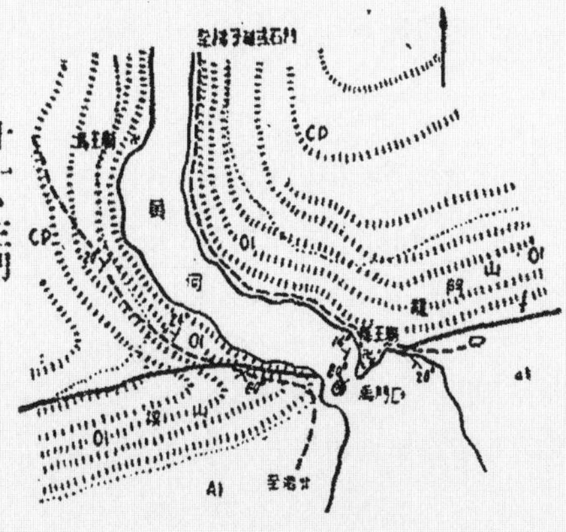

禹門口附近地質圖

比例尺約 500公尺

Ol 奧陶紀石灰岩 CP 石炭二叠紀頁岩夾煤層

Al 第四紀冲積層

禹門口一帶之地層屬於奧陶紀石灰岩及石炭二叠紀煤系。其上覆以第三紀之紅土及黃土。石灰岩灰黃色或青色呈厚層狀，隔數公尺以至數十公尺卽夾有薄層頁岩或頁質石灰岩。石灰岩上有石炭二叠紀之底礫岩砂岩頁岩夾煤層。該層煤系高居崖岸以上。

口門處因有南升北降之逆斷層，石灰岩夾頁岩之傾角甚爲雜亂。過此斷層地帶更向北行三百公尺，方見整齊排列斜向上水緩傾之地層，傾向西北十四度至二十度。奧陶石灰岩居於下，夾河成懸崖。石炭二叠紀煤系在其上漸寬成緩坡。懸崖高度自數十至二百餘公尺隨地而異。因傾角向西北之關係，大致東岸高而西岸低，近於口門者高，遠在口門之北者低。兩岸相峙成峽，峽寬百餘至三百公尺。禹門以上三公里處有石門者，懸崖最低而峽道最窄。其處較硬而厚之石灰岩層逐漸向上水傾入河床以下，是爲築壩較好之處。

十一、三門

陝縣以東之三門峽爲河上航行之險道。今古馳名之中流砥柱卽在於是。三門以上河向東流，至此折向東南，旋仍轉東流

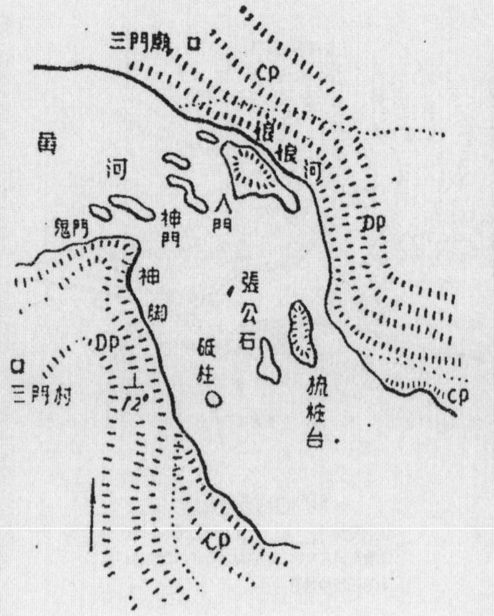

三門地質圖

比例尺約 0　100　200公尺

DP閃長斑岩侵入層

CP石炭二叠紀煤系

，蓋以有向北傾之堅硬岩層阻住流道使之然也。轉折之處有羣島分河道爲四支，成爲三門一河。由南而北，曰鬼門，神門，人門，及娘娘河。水位較低之時，娘娘河卽成乾涸。三門以下二百餘公尺處有三島，由西而東爲砥柱，張公石，及梳粧台。中以砥柱最小，乃露出河面之一小石。三門河面寬達二百公尺以上。兩岸懸崖高約四十餘公尺。因流向與岩層傾向斜交，懸崖偏對。崖巔山坡頗爲平緩，上覆黃土。三門村築於其上。

三門附近之地層爲石炭二叠紀煤系，含砂岩頁岩夾煤層。煤系中有火成岩侵入層，爲閃長斑岩。角閃石及長石石基之中顯示長石斑晶。岩色綠灰，岩性緊密，層厚在四十五公尺左右，向北傾十度至十五度。砥柱等石島均爲此種火成岩所構成。砥柱以南有向上水傾入河底之頁岩。娘娘河以北亦有頁岩在三門以上傾入河底。故三門至砥柱間之河床爲閃長斑岩。如其岩層較厚，固可視爲佳好之水壩基礎。今以其厚度僅四十餘公尺，且非正向上水傾入河床，所築之壩若橫攔河道，使西端築於斑岩層上則東端不得不建於頁岩層上，反之，使東端築於斑岩層上則西端不免掘入頁岩。若斜攔河道則壩身頗長，且於河面以上二三十公尺處卽遇平坡黃土，使壩身加長。

三門以西復於煤系以上之地層爲第三紀之紅色層及洪積世

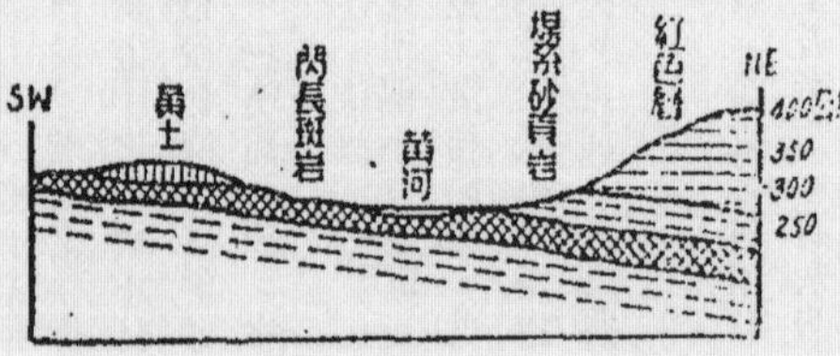

A.三門峽以上一百公尺之剖面河底以下20-30公尺遇頁岩

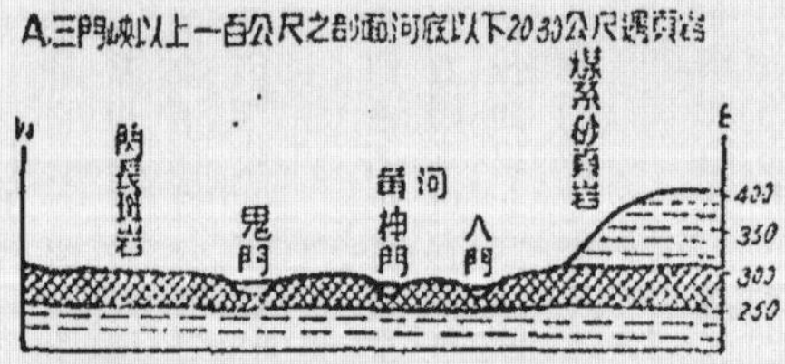

B.橫斷三門之剖面　河底以下10—15公尺遇頁岩

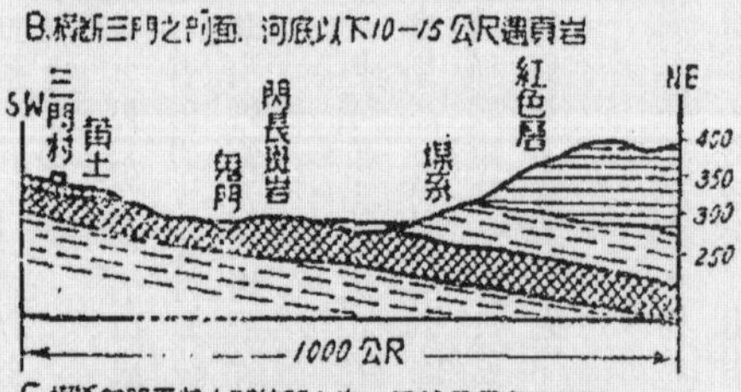

C.橫斷鬼門而在人門與神門上游一百餘公尺處之剖面，河底以下10—15公尺遇頁岩(鬼門河底)

之黃土。岩性鬆軟易於侵蝕，山谷為之開闢。

十二、八里胡同

八里胡同南距新安五十餘公里。高山盤亙，河道貫通。兩岸峽峙，河面不過一百餘公尺。懸崖之高三百餘公尺。崖巔以上，尚有高二百餘公尺之峯巒。自上口至下口長約八里，山峽深險，故名八里胡同。凡分上下兩段而以清水河口為分界。上段曰蓮花棧，下段曰東大棧。

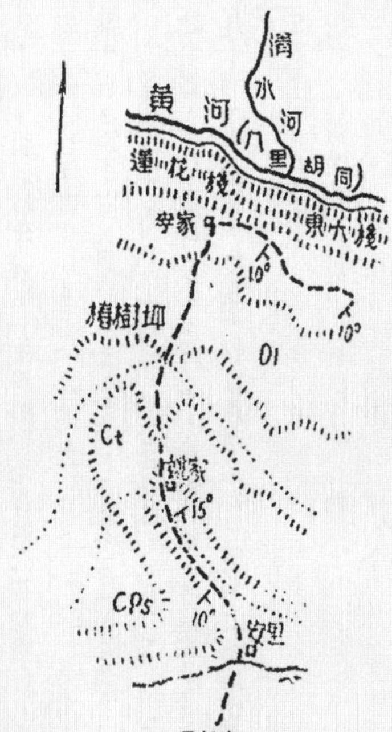

新安八里胡同附近地質圖
比例尺約 0 1 公里
O1奧陶石灰岩 Ct太原石灰岩
CPs山西煤系砂頁岩

造成八里胡同之地層為奧陶紀厚層石灰岩。該層厚在七百公尺以上，乃華北最厚與最堅質之沉積岩。其中隔四五十公尺每夾頁岩或頁狀石灰岩薄層，頁岩或頁狀石灰岩之厚度一至五公尺。侵蝕以後，石灰岩成峭壁而頁質岩層成平台。此種因岩石性質及構造關係而生之階梯，層數甚多，故曰九層蓮花棧。

石灰岩層傾向東南十度左右，乃一傾角斜向下水之構造。至八里胡同之下口，石炭二疊紀煤系漸行出露。更向下水遠望則青山橫亙，為奧陶石灰岩重復出現之處。此為八里胡同口外之斷層而與石寺之青鷄山斷層遙相連接。更由蓮花棧遠望胡同之上口，則見類似二叠三叠紀之紅色層向東南傾來，直抵石灰岩所成之懸崖。故八里胡同之上口或亦為一主要斷層。清水河谷大抵沿此斷層而行。

註一、黃河水利委員會由黃河口至沿河水文站水位站及重要城鎮河道里程表。

註二、孟津及潼關拔海為黃河水利委員會工務處資料。

註三、禹門口及下文各處拔海則由申報社中華民國新地圖約計所得。

註四、台原距河面高度均為目測約計。

註五、Teilhard de Chardin and E. licent "On the Geology of the Northern, Western, and Southern Borders of the Ordos, China." Geol. Soc. China Bull. Vol. PP.

註六、李四光，鄂西，川東，湘西，桂北第四紀冰川現象述要。地質論評第五卷第三期，一七一至一八四頁

註七、George B. Barbour "The Poate and Chingshui Physiographic Stages and their Significance." Geol. Soc. China Bull., Vol. IX,PP. 45-48.

註八、仝上註五。

註九、Y.Y. Lee. "The Early Tertiary Deposits of the Yuanchu Basin on the Honan Shansi.Border" Geol. Soc. china Bull., Vol. PP.

註十、P.L. Yuan, "geological notes on Eastern Kansu." Geol. Soc. China Bull., Vol.IV, PP. 21-28.

註十一、C.C. Sun."On the Stratigraphy of upper Huangho and Nanshan Regions." Geol Soc. China Bull. ,Vol. PP.

註十二、張遹駿，城固地質略志，西北工學院季刊第一期。

註十三、張遹駿魏壽崑，陝西鳳縣地質礦產初勘報告，地質論評第四卷第二期。一〇九至一二三頁。

註十四、仝上註十一。

註十五、及十六、E. Licent andTeilhard de Chardin, "On the Basal Beds of the Sedimentary Series in. South-Western Shanse." Geol. Soc. China Bull. 'Vol. VI. P.P. 61-64

註十七、堋嵇即 Talus 之譯名，音義兼顧，似較岩屑堆等原譯易於明瞭。

註十八、李士林，寧夏地質鑛產事業第三號甯夏無烟煤及其他。

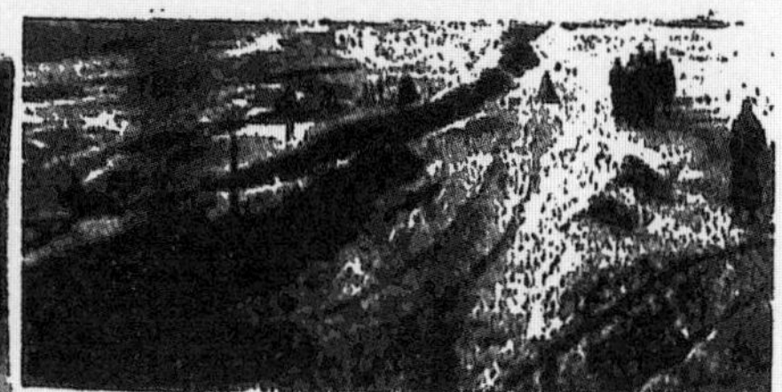

个 綏遠大黑河中順渠首

个 上望孟門

个 壺口瀑布

个 龍門壺口道上

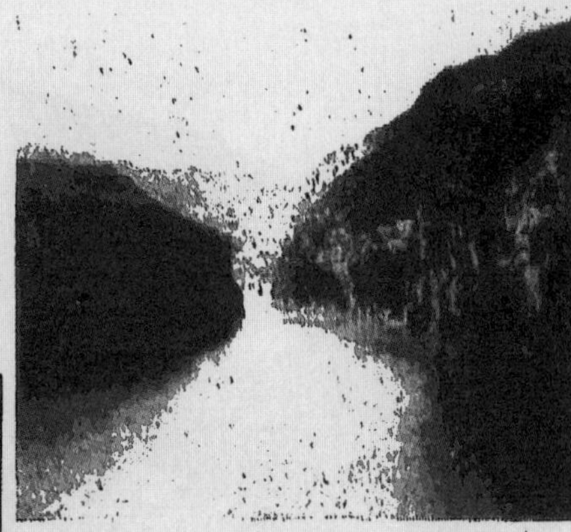

由新梯子崖望石門

三門峽全景

黃河右岸遠眺龍門

花園口口門

第五章 青甘段之水利

周禮

本段自貴德以上之龍羊峽下口起，至甯夏之沙坡頭止，共長約六九〇公里。龍羊峽以上未經查勘，報告暫不論列。蘭州貴德段在民國三十年曾經黃河水利委員會第二查勘隊劉隊長潔塵查勘，蘭州甯夏段亦經黃河水利委員會委員長李儀祉，隊長張君森，技正石元正，李昌岡等先後查勘，均有詳細報告。積石關至甯夏一段黃河縱斷面復經黃河水利委員會上游測勘隊於民國二十三、二十四兩年實測。今將此次視察情形分述如後。

第一節 本段一般形勢

自貴德至海口全長約三，五〇〇公里，本段約佔五分之一。行經山嶽地段，峽谷相間，忽縮忽放。經峽十三段，共長約三一〇公里，幾佔本段全長二分之一。各峽長度表列於下：（峽之長度係參考黃河水利委員會劉隊長報告，及積石關以下黃河縱斷面實測圖所得）

峽名	長度（公里）
松巴峽	26
李家峽	4
公伯峽	6
孟打峽	12
丙林寺峽	18
劉家峽	8
洿果峽	13
八盤峽	4
小峽	25
大峽	20
烏金峽	10
紅山峽	85
黑山峽	80
共計	311

以上各峽最長者爲紅山峽，長八十五公里，最短者爲李家及八盤二峽，各長四公里。概皆水深流急，河身固定。高低水位之差視峽之寬窄而異，自五公尺至八公尺不等。河一出峽，則水寬流緩，淺灘時現，河汊分歧。高低水位之差亦較少，自二公尺至五公尺不等。兩岸灘地隨河流情形寬窄不一，最寬處達七八公里。灘地之上，台地成階，時有頭道原二道原三道原數層。流向黃河水溝比比皆是。

蘭州貴德間以不通舟筏，沿河又無公路，視察所及僅龍羊峽下口至松巴峽上口之一段。蘭州以下至甯夏之沙坡頭則係乘大羊皮筏順河下行，視察較詳，茲就山峽，盆地，及支流水溝情形分述之。

第二節　山峽情形

一　龍羊峽

三十五年十月五日抵貴德，次日由貴德上行至龍羊峽下口。峽在貴德以上約二十二公里。河面最窄處約六十公尺，兩岸坡度約一比一。峽口岩石爲青砂岩，向下游傾斜。峽口左岸岩石之間，中隔紅土嶺一段，長數百公尺。自此嶺之坡脚至河邊有寬約二三百公尺之平岸，似爲昔日河槽所經，淤後改行今道者。據青海省參議會議長馬元海君（勳其時師長，對附近情形極熟）談，龍羊峽長約三十公里。其上游谷長約四十公里，平均寬約二公里半，居民二百戶，農產佔龍羊松巴二峽間農產三分之一。又據黃河水利委員會張隊長子明談，民國二十七年貴德修建浮橋時，曾自龍羊峽上游之拉甫湖放下木料，但多停於峽中不得下。

二　小峽

十月十五日至二十日視察蘭州至沙坡頭段，中經小峽大峽烏金峽紅山峽黑山峽等五峽。小峽位蘭州鐵橋下約十公里，自桑園子入峽，至泥灣出峽，長約三十公里，費時二小時又十分。岩石多花崗岩，片麻岩次之，石質均極好。河寬六十至一百五十公尺。洪水痕路約在當時水位以上五公尺，高低水位差應達八公尺。峽上下口高差（據黃委會實測黃河縱斷面圖）約十六公尺，計坡度爲〇•〇〇〇五三。兩岸山峯高度自皮筏上觀之似多在一百公尺以下。兩坡除近河一部分有壁立者外，餘均在一比一左右。峽險之有名者爲桑園子，駱駝石，鑽水子，掃蕩，及雙盆河五處，均不甚危險，蓋本團過此時適在中水時期，此時險情較小也。峽內村莊僅有桑園子鑽水子兩處，居民不過數戶。

三　大峽

大峽位蘭州以下約四十二公里，自駱駝石（峽險有同名者，如駱駝石，龍王坑等均數見）入峽，至西岸口出峽，長約二十公里。河寬五十至一百公尺。壁立河岸高出水面約十公尺，再上兩坡平均約為一比一。山峯高度約一百至一百五十公尺。洪水痕路在常時水位以上約五公尺。岩石為花崗岩，兩口則為片岩及片麻岩。行經大峽時間共兩小時，其中因在月亮石（峽險名）駛入回溜誤時二十分。峽險之著名者有駱駝石，白馬浪，大床拐孜，煮人鍋，新石頭，狠石頭，青石峽子，荒崖，膠泥塌，花葫蘆，及月亮石等十一處。其中以煮人鍋為最險，蓋此處兩岸壁立，河身曲折，流亂而湍，倘一失事，則無救也。行經此險，筏夫緊張，以溜急力猛，剎那間全筏忽自急轉，筏夫已失却控制之力。幸瞬間即過，安然無恙。雖一羊皮胎脫落，（此次所乘之大皮筏，係以十個小筏組成，每小筏則以十三個羊皮胎組之，大筏長約八公尺，寬約四公尺，共載二十五人）尚于大筏無礙。峽之出口，有常年以打撈為事者，可想大峽出險之多也。

大峽上下口高差約二十五公尺，計坡度為〇•〇〇一二五。峽內無一村莊。

四　烏金峽

烏金峽自蔣家灣起，至關龍口止，長十公里。筏行時間為四十七分。上口距蘭州鐵橋八十五公里，下口距靖遠縣城三十六公里。寬窄形勢及岩石情形均大致與大峽同，但峽險僅大浪一處，尚可下筏繞過。兩峽口高差約八公尺，計坡度為〇•〇〇〇八。峽內亦無村莊。

烏金峽內有大溝，洪水時巨石常被冲下，甘肅水利林牧公司在北灣所作之靖豐渠，河防部分所用之大塊拋石一部即取給於此。

五　紅山峽

紅山峽位蘭州以下一六五公里，自小黃沙灣入峽，至五佛寺以上約三公里出峽，共長八十五公里。峽勢及岩石均與大小峽烏金峽迥異。河寬多在百餘公尺至三四百公尺之間，僅數處略窄。兩岸山亦不高，但均在一百公尺以內。黃委會上游工程處第十八測量隊竇隊長雨調，正率隊測量此峽，據檢視其測圖，在鴛鴦坡附近河寬一三八公尺，最深處十公尺。鴛鴦坡則河身較窄，僅九十公尺，惜未測斷面。五佛寺附近水深八公尺。普通地形圖比例為一萬分之一，險灘處則為五千分之一。惜兩岸施測太近，據以設計，恐不敷用耳。

峽內岩石大部為紅砂岩，上段向上游傾斜，下段則向下游傾斜。裴孜灘段為紫灰色礫岩。老龍灣以下十二公里河身忽束，寬約九十公尺，兩岸岩石亦變化，為青砂岩夾雜頁岩。此處山峽穿過松山，似為靖遠盆地真正之邊緣。鴛鴦坡左岸有大塊礫岩，向上游傾斜，並無頁岩參雜其間，左岸亦較寬闊，若選作壩址，尚勉強可用，其左岸可作船閘。鴛鴦坡以下為古生代變質頁岩。

峽內草木極少，枯燥異常。僅炭窰孜附近有少數樹木。峽寬處偶有村落，較大者僅老龍灣一處，居民約一百二十戶。據黃委會第十八測量隊調查，峽內村莊共有小黃沙灣，白楊嶺，空心樓，野麻灘，扁泼水，崇孜灘，大滑孜灣，炭窰子，巴灘，老龍灣，長生窰子，水菓子，小口子，水溝園子，上鴛鴦坡，下鴛鴦坡，上車木峽，南車木峽等十八處，居民共四一八戶，僅賴小塊灘地爲生。間有水車引水灌溉，但三十五年大水有被沖毀者。

紅山峽兩峽口高差爲六十五公尺，計坡度爲〇·〇〇〇七七。

峽險共十一處，計爲一窩石，洋人擺手，扁灘，炭窰子，觀音崖，雙漩子，一窩猪，小口節孜，紅毛牛，鴛鴦坡，及龍王坑。上峽口以上三角城對岸尚有險一處，名虎頭崖，均不嚴重。

六　黑山峽

黑山峽位蘭州以下二六八公里，靖遠以下一一七公里。自大廟入峽，至上河沿出峽，共長八十公里。至南長灘，河南（右岸）即入寧夏中衛境，河北則至五帝漩以下約四公里始入寧夏。左岸山北即爲阿拉善地。

峽內除闌門虎及五帝漩附近河身較窄，山勢亦較陡外，河寬多在一四〇公尺左右。兩岸山峯高度約自八十至一百公尺，邊坡約爲一比一。洪水痕跡高出當時水位約四公尺。至闌門虎，山狹河束，五帝漩附近河寬僅約七十公尺，山高百餘公尺，傾斜約一比二分之一（豎比横），洪水痕跡則高出當時水位約七公尺。

上峽口岩石爲綠砂岩夾頁岩，峽內者則表面呈青色。在十八惡附近（峽下口）左岸爲沙丘，右岸爲紅砂岩雜紅粘土。入峽口，即見煤層，爲中生代侏羅煤系。黑山峽上口並有斷層痕跡。

兩峽口高差約六十七公尺，計坡度爲〇·〇〇〇八四。峽險有龍王坑，一台戲，九姊妹，老兩口，三弟兄，闌門虎，五帝漩，龍尾兒，一窩猪，及十八惡等十處。

第三節　盆地情形

自貴德龍羊峽下口起，至黑山峽止，共經盆地十三處。大者爲八盤峽小峽間之蘭州盆地及烏金峽紅山峽間之靖遠盆地。前者長約五十六公里，後者長約七十公里。盆地均狹長形，寬自一公里至七八公里。

河入盆地，則流緩河分，沙淤而灘現。河汊之多者多至六道，靖遠房家灘附近即爲一例。此處河床寬約一，八〇〇公尺。在視察時，河未分流處寬亦二三百公尺至五六百公尺。河經盆地時之水文情形可於下表略得梗概。

黃河在盆地水文情形

盆地名稱	地點或地段	河寬（公尺）	最深（公尺）	平均流速（秒公尺）	流量（秒立方公尺）	含沙量（重量%）	高低水位差（公尺）	根據
貴德	浮橋	138	7.60	1.93	1,350		3.5	前四數35年10月6日視察時測量末一數據黃委會劉隊長潔庭報告
蘭州	鐵橋至小峽口	250 500		2.30	327— 5,457	0.002 —6.6	2.59 — 4.84	平均流速據此次筏行時間計算後三項據蘭州水文站30年－35年紀錄
靖遠	北灣至黃沙灣	300 500		2.00			3－4	平均流速據筏行時間水位差據此次調查
靖遠	五佛寺至大廟			2.35			3－4	同上

河中沙洲之大者自數千市畝至一萬市畝。蘭州以下之雁灘，面積即在一萬市畝左右，其中村莊耕地，儼然世外桃源。較小灘地則星羅棋布，不可勝計。兩岸灘地土質既肥，灌溉亦較易，故均富庶之區。用水車提水灌溉者比比皆是。遙望樹木叢翠，綠蔭怱怱者必皆水車灌溉之區，與階上台地農作稀落之情形相較，實不可同日而語。台地可有數層，即前謂之頭道原二道原三道原也。各原或極顯著，或以侵蝕過甚，平台情形亦不復見。在大峽為金峽之間，西迄口以下，河左岸之三層台地尚極明顯。台地面積，大小不一，大者可數十萬市畝。靖遠盆地之劉家川，旱坪川，寺兒坪，和堡坪，中和堡坪均數萬市畝至數十萬市畝。蘭州盆地之崔家崖坪亦數千市畝。台地高度以崔家崖言，約高出黃河低水位五十公尺。

在靖遠蘭州兩盆地中尚有二事足資敘述，一為蘭州中正山之水土保持工作，一為靖遠北灣河灘之放淤工作，均對將來治黃有足參考。中正山位蘭州東北約七公里，在黃河北岸。山有水溝數道入黃河，昔時溝水一發，土石俱下，農田非被冲毀，即遭沙沒。乃由建設廳村同農業改進所就所有山坡順等高線挖溝截水，約每高差五公尺挖一溝，溝中植樹，稍平地段則育苗或種苜蓿，並禁止放牧。三年來成績斐然，不惟苗草長成，即溝之本身已全成梯田，莫辨溝形矣。三十五年大水，此溝竟滴水未流。倘能普遍推行，黃河泥沙及洪水問題似可大部解決。北灣河灘之放淤工作為甘肅水利林牧公司靖豐渠工程之一部分。主其事者為郝西岸君。該處黃河北岸有河灘約二萬餘市畝，（參閱附圖）全係石子灘，形同戈壁，不能耕種。人民築堤圍地，欲引黃淤灌，多年未成。靖豐渠工程處接辦後，先鞏固堤壩，並建放淤閘數座，劃全區為十一個放淤區，每區值過水洩水各閘門。三十二及三十三兩年已淤成五分之四，實際落淤較多期間不過數日，蓋黃河每以局部大雨關係，含沙量特大，數日之後，卽又較清也。該處淤積均勻，土質適於耕種，尤爲可貴者。將來治理黃河河槽，放淤河灘，此工可視作一試驗也。

第四節 支流及水溝情形

靑甘段黃河支流較大者，在左岸有湟水（包括大通河）及莊浪河，右岸有大夏河及洮河，均在甘肅入黃。湟水入黃處爲達家川，莊浪河在河口，大夏河在永靖，洮河在劉家峽。涇渭兩支，發源於甘肅，至陝西入黃。湟水洮河流量較大，而大夏河及入湟之大通河則較淸，因源地多草原也。據黃委會劉隊長潔廉三十年三月測量紀錄，大夏河流量爲五秒立方公尺，洮河及湟水爲一五四・一及一七二・五秒立方公尺。復據劉隊長調查，洮河及湟水最低流量爲三十八及四十一秒立方公尺。各河小水估黃河低水流量之重要部分實無疑意。各流坡度均陡，據黃委會上游勘測隊實測，「大夏河自臨夏至入黃處三十四公里，高差二一一公尺，平均坡度爲○・○○六二，洮河自新甸舖至劉家峽上段較平而下段較陡，兩段以唐汪川爲界，上段三六・五公里平均坡度爲○・○○一五，下段三六・五公里，平均坡度爲○・○○四三。大通河與湟水會合後，流四九・五公里至達家川，下降一四六公尺，平均坡度爲○・○○二九。」莊浪河流量較小，枯水流量常在五秒立方尺以下。以其所經地域觀之，其坡度之陡，要亦與其他支流相差無幾。

靑甘段由峽及盆地之中水溝甚多，或源出山嶺，或流自高原，大多平時無水或涓涓細流。夏秋兩季，洪水陡至，溝中行人車馬，嘗有以不及走避而致沖失者。以是洪水之季，人行溝中，常具戒心。洪水一至，波濤洶湧，沙石俱下，不數時幾又斷流。溝水如經膠泥區域，則泥漿成球，順流而下，其直徑可大至一公尺餘。甘肅永靖縣之永豐永樂兩渠所經各溝卽有類此者。溝至平原則沙石堆成扇形，洪水漫流，溝形卽不復存在。原爲水溝之處今則高出兩岸者卽以此。在黃土區域或淤積盆地之中復多深溝，達數十公尺者隨處可見。

支流兩岸之灘地台地情形亦與幹流兩岸者相同。時見台地成階，分爲數道高原。大夏河左岸臨夏之北源，（甘肅水利林牧公司擬修之臨豐渠灌溉區域）湟水左岸享堂嵒嘴孜間之高地，洮河左岸臨洮以南之高地，涇河左岸平涼以北及右岸鄠縣長武一帶之高原均是。

支流所經，峽谷相間，入峽則河束流急，出則河槽流分，又正與幹流相同。如大通河有享堂峽，大夏河有野狐峽，涇河有三關口，渭河有寶鷄峽，洮河有九甸峽牛鼻子峽。湟水亦經數峽，此次由蘭赴西寧，所經達家川至西寧一段，全屬湟水流域。享堂西寧間共經老鴉峽大峽小峽三峽，以老鴉峽爲最長，約十五公里，最窄處約四十公尺。岩石有片岩，板岩，大理

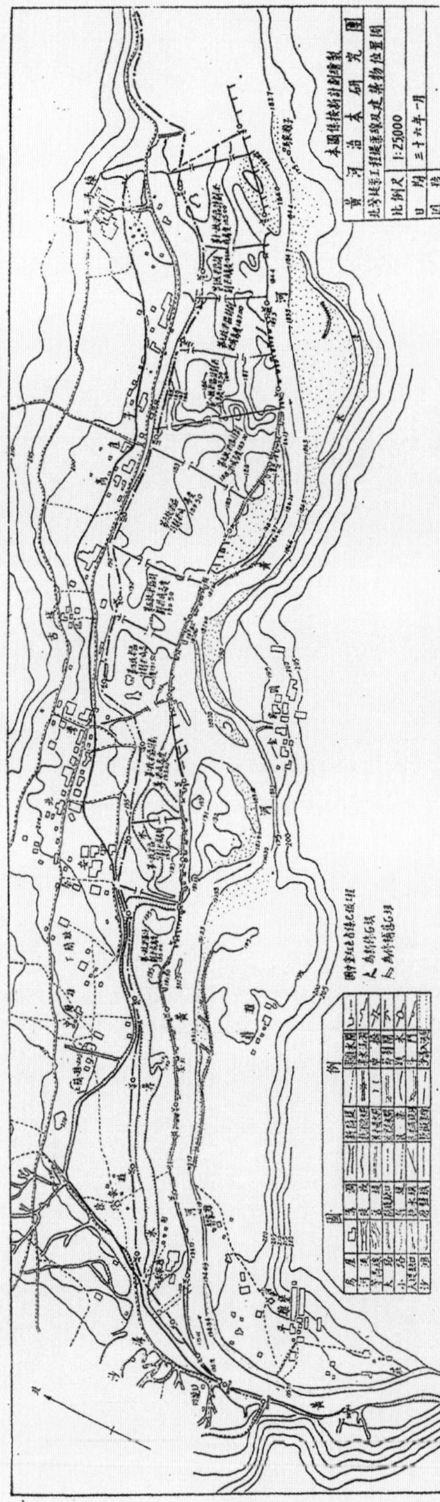

岩，花崗岩數種，石質均極好。黃委會測量隊適測湟水，自西寧起，已測至達家川，據該隊隊長張子開談，湟水平均坡度約二百五十分之一（〇·〇〇四）。兩峽之間即隔一盆地，如西寧及樂都均湟水所經之盆地也。湟水支流甚多，水均清澈，四季常流，樂都附近之水磨溝爲較大者。

第五節　本段防洪問題

論黃患者多知患在下游，不知上游亦有水患也。三十二年大水，蘭州上下之廠房田禾俱遭淹沒。三十五年九月水患更烈，廠房農田又遭陸沉。公路淹沒，致甘青甘新唯一交通爲之斷絕者數日。鐵橋亦岌岌可危，重車禁止通行。不僅蘭州盆地沿河受災，靖遠以下東灘等精華之區亦受其患。沿河水車冲毀甚多，尤屬歷年少見。詢諸鄉者，知三十二年大水爲遜清光緒三十年以來所未有。三十五年洪水，其高來且有過之，隔時僅三年耳。上游雖無決口之患，但爲害之嚴重，似亦不應忽視。因上游富庶之區全在濱河灘地，水車尤爲農民命脈，關係之大至爲明顯。以近河取水較便，且灘地適建廠房，故蘭州七里河雁灘一帶工廠林立。一遭淹沒損失可想而知。蘭州本爲重鎮，此後開發西北，將更爲開發中心，市區發達，勢所必然。蘭州今日之繁華雖不若漢口等市，然以將來國防之地位及政治經濟交通之重心而言，其重要性恐更有過之。故蘭州防洪問題實爲治黃者所應注意。

至蘭州黃河水位及流量必如何控制而後可免洪患，似不難由蘭州水文站歷年紀錄中得窺梗概。查爲患之兩年紀錄，三十二年水位爲一五四七·五四，流量爲五〇五六·八〇秒立方公尺，三十五年水位爲一五四八·一六，流量爲五七四七·五七秒立方公尺。按蘭州工廠及灘地之地形，控制水位似可以一五四七公尺爲標準。復以二十五年至三十五年之水位流量製成曲線，推得一五四七公尺之水位約當四千秒立方公尺之流量。假定六以千秒立方公尺爲蘭州最大流量，並能持續五日，而以超出四千秒立方公尺之流量控制於上游攔洪庫中，所需之攔洪容積亦不過九億餘立方公尺。以上游流域之大，支流之多，山峽之衆，藉此洪水當無問題。

水溝之中亦可多修截流埝，對於緩流防沙治險均有相當效用，下節再申論之。

第六節　本段航運問題

本段航運分現在情形及將來發展兩點言之。現時蘭州以上僅湟水洮河及永靖至蘭州各段稍有航運。所謂航運僅係皮筏木筏由上而下，並無船舶上下通行。皮筏有牛皮羊皮兩種。由湟水下運者主要爲青海之食糧，青油，木料，及甘肅窰街之煤炭。自洮河及永靖下運者僅木料爲大宗。木料於每年水流較穩時期編排下放，抵峽險前拆散聽其自流，出峽再編成排。卽如是，木料之折斷損毀者亦不可勝計。湟水險灘曾經黃委會上游工程處局部整理，洮河牛鼻峽亦經該處及甘肅省政府先後炸礁，收效頗徵。蘭州至寧夏及綏遠包頭通行大筏。以通過峽險，大筏尙時或出事，小筏則鮮敢通行。小羊皮筏每個可載重七八百市斤，大筏則以十個至三四十個小筏組成。蘭州至包頭約需二十天，遇風雨則至少一月，每年多只通行兩次。

此段將來航運之發展：以蘭州以上及以下分之，其重要性及經濟條件又各有不同。蓋蘭州以上至永靖，湟水自西寧以下，洮河自臨洮以下各段，雖可整理通航，或使渠化，然以坡度太陡，貨物不多，意義單純，用大量工程費用殊有考慮經濟價値之必要。全部或局部治理大有選擇。蘭州以下則迥然不同。蘭州爲西北商業交通中心，貨物聚散重地，倘能通行船舶，則甘青新與寧綏可以互通有無，多一運輸幹線，其重要性及經濟價値實遠非蘭州以上者可比。蘭寧間航運問題滋多，主要者爲工程問題及船隻問題。

工程問題之性質，峽內峽外又各不同。峽內險多流急爲其主病。蘭州沙坡頭間共經險約四十處，其成因可分三類。第一類因兩岸溝中沖出石塊散佈溝口，河水經此，非河身被束，卽流向急轉，大都衝石成浪，流亂而急。屬此類者爲小峽之桑園子，摧蕩，大峽之白馬浪，膠泥壩，烏金峽之大浪，紅山峽之雙漩子，一窩豬，及黑山峽之五雷漩等。險灘以此類爲最多。第二類因岸壁突出或河身陡轉，致大溜迎衝，急折回旋。如大峽之大床拐孜，老人鋼，狼舌頭，大照壁，月亮石，小照壁，及紅山峽之觀音崖均是。第三類因孤石畸立河中，阻礙航行，稍一不愼，卽致觸之。如大峽之駱駝石，紅山峽之洋人攏手，黑山峽之九姊妹，老兩口，三弟兄，攔門虎等皆屬此類。各險情形隨水位高低而異，或險在高水，或險在低水。治理之法，似不出以下四種：一，修攔河壩；二，溝中修攔砂壩；三，炸礁；四，整治急灣。四法參酌併用，則險平矣。蓋攔河壩可以增加水深，不惟對第一類峽險有效，且第三類孤石險之低者亦可減除。溝中擇地修壩，截石下流，不僅有利灘險，且可防砂綫流。孤石險之不能減免者則炸去。第二類險則以轟炸與治理灣道同時着手。待水深增加之後，流勢較緩，各險自亦減輕。攔河壩修成之後，並可利用水力發電，其經濟之價値又不祇航運已也。峽內建壩地點及高度應與水電配合計議，當再論之。

峽外航運問題與峽內者性質迥異。峽外病在河岐流淺，且河槽變化不定。治理之道似有兩途可循。一爲自治理河道入手，使河槽固定，水流集中，同時淤灘河灘，以不使河身過窄，不與水爭地爲原則。河歸中泓，水自加深，尙可淤得灘地，殊有考慮價値。一爲在河旁灘地之上另闢運河。必要處修建船閘使之渠化。如黃委會寧夏工程總隊計劃利用青銅峽以下北岸之唐徠渠兼作航道，其一例也。各盆地情形不同，兩法或互有利弊，因地制宜，似均可能。

航行船隻設計問題如載重限制，船式尺度，是否全行駁船，及拖輪之特殊設計等，均與將來治理河槽之標準有關。關自包頭船業工會人議，「寧夏包頭間戰前有船二千艘，底長方形，載重一二萬市斤至五六萬市斤，吃水自三公寸至一公尺餘。日人曾試行汽輪，但推進器係特別裝置，以免雜草纏繞。」山東小清河偶行汽船，亦有推進器常被雜草纏繞之障礙。黃河雜草當係自上游漂流者，阻礙情形，應不甚多。按黃河情形，駁船吃水較淺，應較合宜。治理之後通行四百噸汽輪及駁船應非難事。船隻長度與河灣有關，特別峽內急灣之多，對船之長度極有限制。內河船隻之在小清河及淮河者多為兩節，至極灣處則分析為二，即以此也。

航行時期因冰凍關係，絕難達到常年通航之目的。蘭寧間黃河冰凍時期每年約三四個月，封凍多在十二月，解凍多在三月。此為西北內河航運不能避免之情形。但全年之內。通航七八個月，載重加大，航期縮短，並能上下通行，有助於西北之運輸，經濟之發展，實已深可觀矣。

第七節　本段水電問題

本團此次視察之目標，在引言中已有敘述，一為下游河患之防止，一為上游資源之開發。開發資源須有廉價之動力，則水電尚矣。青甘段黃河幹支流不乏可以水力發電之處。支流如大通河，湟水，洮河，流量較大，且有峽可以利用。黃河各峽可以發電者更多。大抵較長山峽均可利用。在青海者以龍羊松巴二峽為最長，就目前需要，先在龍羊峽下口作壩，供電已足。壩高八十公尺，可發電五萬至十萬匹馬力。其上部蓄洪能力或能解救蘭州貴德間之防洪問題。又循化上游之公伯峽，據青省府調查，亦頗宜於作壩發電，惜此次未能親歷勘查。河入甘肅以後，丙林寺峽，劉家峽，及鹽過峽均可利用。

蘭州以下修壩，兼具水電航運之功，惟修壩地點及壩之高度除應注意壩址地質而外，似應以迴水不淹盆地而能盡量利用水頭為準。蓋黃河中修建攔河壩，工程甚大。修築少數高壩較為經濟。峽外盆地如蘭州靖遠二者，皆本段精華之區，壩之迴水誠不宜淹及。

根據以上原則，蘭州沙坡頭可得壩址三處：一在大峽下口西薇口附近，迴水上溯至小峽上口，可利用水頭約四十公尺。一在紅山峽內之烏鶯坡附近，迴水達上峽口黃沙灣，可得水頭約五十公尺。一在黑山峽下口，迴水達上口之大廟，可得水頭約六十公尺。紅山黑山兩峽之間，無大塊盆地，本可只修一壩，但因岩石情形不宜作壩過高，仍以分建兩壩為宜。按蘭州歷年流量紀錄，以上三壩約可得七十五萬至一百萬匹馬力之電量。

以上三壩自不足蘭寧全段渠化之所需，但三壩修成之後，再輔以炸礁治灣工事，峽險幾可全部消除，需否全部渠化實有疑問。即有需要，或在正河中添建閘壩，或在盆地上修建船閘均可，似可作為第二步之計劃。

壩高四十至六十公尺，船閘懸降甚大，或有以爲疑難者。實則船之來往，或用升降辦法，或採數級懸降制，供電以後均易爲之，僅屬設計問題，不足爲病。

至水電之用途，現時雖無大量需要，將來正未可量也。大宗用途除灌溉高原台地，下節當再申論外，復有下列數端。青海木料爲出產大宗，造紙業鋸木業均未萌芽。西北適宜畜牧，皮毛甚多，製革業，毛紡織業均大有前途。青寧食糧有餘，亦賴加工製造。青海之鹽，甘寧之硝，又均爲化工業之原料。鑛產更需電力開發。即西北鐵路交通亦未始不可電氣化。似不虞水電無出路也。

本段可利用水力發電之總量，以資料不全，未作全盤估計。按僅有之資料估計，逐步開發，發電二百萬匹馬力，應有可能。

第八節　本段灌溉問題

青甘段沿河農田可分四種：一，河水灌溉者；二，溝水灌溉者；三，砂地；四，旱地。河水灌溉有自流渠及水車提水兩種。河水灌溉青海較少，赴西寧途中見芳惠渠正施工，灌地僅一萬六千市畝。在甘肅者已成未成各渠共十一道，灌溉共約五十萬市畝，連擬修之二渠總計亦不過六十萬市畝。灌區多係濱河灘地，自一萬市畝至十餘萬市畝，率多狹長形，跨溝衆多，費力大而收效微，前途無大發展。水車灌溉之地，在甘肅頗佔重要地位。沿河各縣水車總數，灌溉地畝，及轉動時期曾經甘肅水利林牧公司詳細調查，並有改良計劃及試驗，茲不贅述。水車之好者轉動期長，壞者轉動期短，農民分別名之爲老虎車及老鼠車。提水高度極受限制，水車直徑最大者約二十公尺，故水車亦祇能灌溉低地。河水大時尚易沖毁，三十五年大水，沖毁者達十之一二。

溝水灌溉在青甘二省均屬常見。以西北缺雨，凡溝中有水者必皆引灌無餘。溝水灌區較小，自數十市畝至萬餘市畝。如永登大通河右岸之泗龍溝，皋蘭黃河右岸之柳溝沙溝，及臨洮洮河右岸之德遠渠均引溝水灌溉者。惟溝水量小，且水源不定，一遇天旱，或即斷流，以是溝水灌溉亦無可發展。

砂地無灌溉，僅鋪砂一層以減蒸發，平地温，免沖刷，避鹼鹵，法至善也。鋪沙厚度約二三公寸，收穫量亦如水地。但能鋪砂者則限于地區，因取砂或遠或近，或深或淺，倘工費太大，則民力不及矣。且砂地只能持用二三十年，蓋經年耕種，砂土混合，毛細管作用恢復，效用遂失，是爲老砂地。老砂地更不如未鋪砂之旱田矣。

旱田包括較高灘地及台地，均以不易引水全靠天時。雨盛之年，收穫或較水田有過之，稍旱則收穫一二成已爲幸事。旱田面積寬廣，其地形較平可謀灌溉者超出以上三種田地之總數數倍。即就甘肅一省而言，較平台地如第二節所述之靖遠各台地至少已百餘萬市畝，如以大小旱田統計之，至少在二三百萬市畝以上。

上述四種農田，前三者面積有限，且灌溉已可解決。旱田面積較大，並全屬抽水灌溉範圍，非恃水電抽水不可。水電成功之後，不特沿河台地可以灌溉，即較遠者如永登之秦王川亦可輸電抽水灌之。秦王川全屬旱地，面積亦五六十萬市畝。旱田引灌之後，平均每年每市畝可增產一市石。以西北之地瘠民貧，得此大面積灌溉之利，裨益國計，曷可勝言。

引黃灌溉阿拉善問題，曾有人多次提及，此次視察亦曾注意及之。在黑山峽九姊妹峽險處（距阿拉善邊地約十餘公里）遇黃委會李安國隊長。據談，「該處沿河不易施測，水平阻繞道而行，由左岸酸湯溝向上，過一山脊由翠柳溝下行，此上脊並非最高者，已高出黃河水面三百公尺。」在五佛寺詢一民勤縣人，彼常來往于五佛寺定遠營之間。據云，「由五佛寺以下約二三公里之東沁溝上行，約三十公里至十里覘孜爲一山頂，再北下行五公里至營盤水。自營盤水北行一日，全屬水草地，再行即全屬沙漠。東沁溝可通大車。」至沙坡頭，左岸全屬沙嶺，努力攀登，達頂巔後北望仍層層高起，乃廢然而返。綜核以上情形，引水殊少希望，至能否抽水鑿洞引灌阿拉善則以資料不足難作估計。

第六章　寧綏段之灌溉

雷鴻基

第一節　甯夏灌溉區

寧夏平原　黃河自蘭州以下，流經諸峽，至中衛縣之沙坡頭始出峽入寧夏境。由西南蜿蜒東北行，斜貫甯夏平原，至石嘴山；東岸臨綏遠界。自沙坡頭以迄石嘴山地勢逐步下傾平均拔海約在一千四百公尺左右。河西爲賀蘭山所屏障，河東則鄰秦隴邛陵及鄂爾多斯高原，以青銅峽爲束頸，成一葫蘆形盆地。渠道分佈，引黃水以資灌溉，沃野千里有豐年而無旱潦，故有塞北江南之稱。

分區　甯夏平原依其天然地勢可分爲三區。沙坡頭至青銅峽間夾河而梨，灌中甯，中衛二縣地者爲中衛區。青銅峽至石嘴山間，在河之左岸灌賀蘭、永甯、甯朔、平羅、惠農五縣地者爲河西區。在河之右岸灌金積，靈武，陶樂三縣地者爲河東區。三區土地總面積逾二萬平方公里，已墾之地約有二百六十餘萬市畝。

第一表　甯夏平原土地面積及耕地荒地之統計

區別	縣別	土地面積（平方公里）	耕地（市畝）	荒地（市畝）	備註
中衛區	中衛	三，〇〇〇	二四四，四三五	六九，七六八	土地面積錄自甯夏省政府編「甯夏資源志」
	中甯	二，一二五	三四二，八〇九	二〇，〇八三	耕地荒地畝數錄自黃河水利委員會查勘隊「甯夏灌溉查勘報告書」
河西	甯朔	一，三〇〇	三七六，三二二	一五三，三六一	耕地大部份須由渠水灌溉
	永寧	一，四〇〇	三五六，八一八	三六一，七八六	
	賀蘭	一，三二五	三四九，七五六	二八六，三四七	
	平樂	一，三五〇	三〇七，五三一	二九八，九五七	

區	惠農	二，五五〇	二七三，三九二	三七二，三八四
河東區	金積	一，六二五	一九三，二四一	一〇八，六九〇
	靈武	二，二五〇	二九七，九〇五	一六五，〇一六
	陶樂	三，一二〇	五，七二八	二五〇，〇〇〇
合計		三〇，〇四五	二，六四七，九三七	二，〇八六，三九二

土壤 就地質組成而言，寧夏平原大抵爲黃河沖積而成，土質肥沃惟帶鹽鹹性。剖面深厚頗宜農耕。下層有砂土，愈近台地邊緣則砂層愈高，疏鬆多孔，亦含有鹽鹹質。

地面坡度 中衛區自沙坡頭至青銅峽長約一百二十公里，其北岸河邊至沙嶺間平均寬約三公里，地勢平坦，坡度均勻，與黃河平行方向之坡度約自千分之一至二千分之一，其垂直方向之坡度約自一千五百分之一至二千分之一。南岸自下河沿以迄泉眼山長約五十公里，平均寬度一公里，其坡度大致與北岸相似。自泉眼山以迄張恩堡長約五十公里，平均寬四公里，其與黃河平行坡度約爲三千分之一，垂直坡度約爲一千五百分之一。(一)

河東區自青銅峽以迄史家壕長約四十公里寬約十二公里，其沿河方向地面坡降平均約爲一千七百分之一，(二)東西坡降約爲一千五百分之一。(二)

河西區自青銅峽以迄石嘴山長約一百五十公里，寬自十公里以至三十公里，地面坡度沿河向約爲四千分之一至七千分之一，東西坡降約爲萬分之一。(三)

氣溫 寧夏純屬大陸性氣候，季節溫度及日夜溫度差異均大。三十一年七月金積之最高氣溫爲攝氏三十七度，最低氣溫爲九度。三十二年七月石嘴山之最高氣溫爲攝氏四十一度，最低爲十八度半，其氣溫之差可達二十餘度。冬季以一月爲最冷，其最低氣溫三聖公爲攝氏零下三十度，石嘴山爲零下二十六度，金積爲零下二十五度，其氣候之寒冷可以概見。一年之中寒季最長，開始於十一月綿延至於翌年三月，時逵五月之久，是可認爲冬季，四至五月與九至十月氣候較爲溫和則可視爲春秋，六至八月則爲夏季，此四季之劃分亦與通常習慣較異。(一)

雨量 甯夏乾燥，雨量秒少，就省會而論，二十六年全年雨量僅一七八•一公厘，二十七年爲一八〇•五公厘，二十八年二七〇•一公厘。中寧雨量三十年全年雨量僅一一三•五公厘，三十一年爲二六五•九公厘，三十二年爲二七七•一公厘，故寧夏農田均賴渠水灌溉，鮮沾天雨之潤。且一年之內各月雨量分配不均，往往在農田不需水之月份降雨特多，不特無益反受其害。茲將寧夏全年雨量之季節分配列表於下，以示梗概：(一)(二)

第二表　寧夏全年雨量之季節分配

月份	1	2	3	4	5	6	7	8	9	10	11	12	全年	根據民國二十六年新城記載
雨量（公厘）	0.9	—	—	5.5	17.2	33.9	42.8	45.1	31.2	—	1.5	—	178.1	
百分比%	0.40	—	—	3.42	9.22	19.01	24.01	25.22	18.02	—	0.70	—	100	

蒸發量　寧夏地勢高亢，氣候乾燥，故其蒸發量大。據黃河水利委員會金積水文站之記載，二十九年全年蒸發量爲一五六五·三公厘，三十年爲一八三八·八公厘，三十一年一六〇八·一公厘，三十二年一四二二·六公厘。每年以五至八各月蒸發量最大，茲將二十八年六月至三十二年十二月各月之平均蒸發量列後。(三)

第三表　寧夏全年蒸發量之季節分配

月份	1	2	3	4	5	6	7	8	9	10	11	12	合計
蒸發量（公厘）	50.7	58.4	104.2	181.6	228.7	234.4	216.9	189.0	118.0	95.4	71.2	58.2	1606.7
百分比%	3.14	3.62	6.50	11.37	14.15	14.55	13.55	11.75	7.35	5.95	4.44	3.63	100

黃河流量　寧夏平原沿黃河兩岸開渠灌田，各渠水源均須仰給黃河。故寧夏境內黃河流量實與灌溉具影響至鉅。但黃河流量前無記載，有之則自二十八年黃委會設立金積水文站始。嗣於三十一年復在沙坡頭及石嘴山設立測站，水文觀測始稍完備。

據黃委會查勘隊報告青銅峽冬至封河，三月開河，一二兩月不能施測。每年自十二月以迄來年三月水位最低，流量最小，查金積站二十八年至三十二年之記載，其最低水位爲九九四·一八公尺，最小流量爲二八六秒立方公尺。自五月以迄六月正當澆灌春水之時，流量日增，水位在九九四至九九五公尺之間，流量在五〇〇至一〇〇〇秒立方公尺之間。七月至十月水位最高，流量最大，普通之年流量無逾三千秒立方公尺者，然於三十二年六月實測之最大流量竟達五，〇四六秒立方公尺同年七月十日，水位漲至九九八·五三公尺，與最低水位相差四公尺以上。

復據黃委會寧夏工程總隊「寧夏河東河西兩區水利工程計劃綱要」(四)內載三十四年五月十一日金積站流量為七七〇秒立方公尺，同日石嘴山流量為六四七秒立方公尺。同年五月二十一日金積流量八八五秒立方公尺，石嘴山七〇〇秒立方公尺。三十五年五月一日金積流量為六一二秒立方公尺，同日石嘴山之流量反較上游為大，竟達八七五秒立方公尺。又同年五月二十一日金積流量為五九三秒立方公尺，而同日石嘴山則為八五〇秒立方公尺亦較上游為大。吾人知金積石嘴山兩地之間相距不遠，又無重要支流匯入，下游之流量超過上游，必須覓得解釋方足憑信。金積石嘴山間，或有大量地下水加入河槽，亦未可知。此項疑問最易解決之法，仍在注意測量之精確程度，及長期繼續觀測，以期獲得更多之佐證。

黃河比降　黃河全部之河道測量尚未完成，精密之縱剖面自付闕如。惟據黃委會測勘隊之報告。(二)黃河自中衛縣之沙頭坡出峽，河寬約四百公尺，比降約七百分之一。至新墩以下河道寬闊，沙洲蟬聯，比降約三千分之一。下流過中寧縣城，河流分散，最寬處約六公里，有黃辛七灘居民甚多。至青銅峽水勢一束，峽寬平均約四百公尺，峽內比降約二千之一。出青銅峽東北流分為二支，西支曰西河，寬約一百五十公尺。東支為大河正流，至葉升堡又復相會。放蕩於寧夏平原，港汊分歧，河道寬闊，比降約三千五百分之一。

渠道沿革　(二)(五)寧夏有河渠之利由來已久，相傳秦渠創始於秦代，雖其詳不可稽考，顧其名稱沿傳至今當足徵信。漢武帝經略朔方移兵實邊，復開御史，尚書，光祿三渠今皆無存。漢渠與漢延渠皆為漢朝遺跡，唐代所開之唐徠渠，傳係就古之光祿渠故道所重修者。漢唐諸代寧夏水利之盛可見一班。

元代循先人遺規，頗興水利。相傳中衛之美利及太平等渠皆為元朝政績。

明代中葉創建通濟，中濟，七星，柳青，舊北等渠。建造水閘，改木為石，亦係明代所創始。

清初鑒於朔方之重要，深知欲固邊必先強兵，欲強兵必先富民，欲富民必興水利，故大舉創建新渠，整理舊渠。今之大幹渠中如惠農昌潤大清天水等渠均為清代所建。

民國以來渠道之新建者有雲亭渠及新開渠，其他渠工仍隨時修理，不令淤廢。

二千年來先民遞相創業，水利之溥逐漸推廣。茲值科學技術昌明之時代，自應追懷前賢，繼續努力俾達地盡其利，水盡其用之目的。

渠道現狀　寧夏平原大小幹渠計有三十七道。中衛區較大幹渠，北岸為「美利」，南岸為「七星」，前者灌田約十三萬餘畝，後者約八萬餘畝。河西區較大幹渠為「唐徠」，「漢延」，「惠農」，「大清」及「昌潤」等渠。河東區較大幹渠為「秦渠」，「渠漢」，及「天水渠」等，以上共稱寧夏十大幹渠。

美利渠渠口在中衛縣西，黃河北岸之沙坡頭下。開石龍口引水，繞縣東北，順流東下，口塽俱係天然石底，復經歷年鑲砌大小石塊，堅固異常，利澤優於他渠。下流至馬草湖，經八塘湃，出油梁溝，達勝金關西，洩水入河，全渠共長約七十七公里。支渠共有一百三十七道，灌田十三萬餘畝。全渠水流，甚爲充分。惟因地勢所限，又其南有太平，新北，舊北，復盛等渠，分別獨立開口，各自引流，以致美利渠之灌溉力未盡其量。但使以南各渠渠口均行放棄，俱用美利之水，引以灌溉，稍加疏濬當可足用有餘。進而言之，極美利渠之水量，擴充整修，即勝金關以下，中寧北岸之新生，中濟，長永，豐樂等渠，以至廣武一帶均可引灌其水，不必獨立開口也。

七星渠於中寧縣西，泉眼山麓黃河南岸開口，引水向東南流，延長六十六公里，迄乾河子溝入黃河，灌田八萬四千餘畝。渠口以南有山水河源流甚長，每遇洪流暴發，怒濤洶湧，爲渠大害。七星渠流域全部形勢，南高北下，支渠計一百七十一道，多在渠北，渠南極少。

唐徠渠在河之左岸，開口於青銅峽內百八塔寺之傍。沿西山之麓，經過石灰窯，龍王廟，觀音堂而至石子梁，再北直抵大壩之正閘。渠口寬四十八丈，自渠口至正閘長約十一公里又三百公尺。爲全渠之咽喉。由正閘起下經大東方橋，西門橋，老羅渠口而至鎮威鄉梢壩洩入退水渠。近來梢末渠口林立，水量常患不足，已無餘水可洩矣。全渠共長約二百十二公里，共有大小支渠五百五十一道，灌田六十萬畝。

漢延渠在唐徠之南，略相平行，自大壩鄉九道溝地方，開口進水，經正閘，李俊橋，大宮橋，張政橋而至尾閘，共長一百十公里，支渠四百三十六道，灌田三十四萬五千餘畝。

惠農渠更在漢延渠之南，開口於漢壩鄉之施家河口，東北至龍門橋正閘，經清水鄉橋，通平橋，黃渠橋至尾閘出河，共長一百八十四公里，大小支渠共有七百十三道。溉田三十九萬餘畝。

大清渠夾於唐徠漢延之間，自寧朔大壩鄉黃河之西河西岸開口引水，向東北流沿葉家橋下經大跳中跳小跳各跳水及九道溝三閘，二閘，頭閘，正閘延長四十五公里以至閻閻子入溝。灌溉五萬九千餘畝。

昌潤渠之渠口在雲亭渠之下游，通昌鄉之東，因河流遷徙無常，渠口亦無定所，經過通告，六中等鄉，長約四十二公里，皆係沿河沙灘。至交濟鄉之分水閘抵渠梢入河一段約長四十三公里，方得水利。大小支渠二百十五道，灌溉七萬五千餘畝，本渠中段地勢高亢，支流皆小，非水大時，不能及田，因通用水車澆水。

秦渠乃諸渠中之最古者，自金積縣屬之青銅峽黃河右岸開口兩道，名爲上下口，位居漢渠口之下游，上口距漢渠口二百五十公尺，距下口約半公里之遙。二口入渠之水，分流約半公里許，即合爲一。沿河東流經過金積縣屬之金秦四里，下游入靈武縣境，經縣城東北角之尾閘入於山水灘。總計全渠蜿蜒共長七十餘公里，大小支渠二百二十二道，灌田十八萬六千餘畝。

漢渠自青銅峽口東岸龍王廟前正閘起，在秦渠之東，東北流，共分五大支流，相並而行。各該渠支渠之稠密，類似蛛網，經金積至靈武巴浪湖入河總長六十三公里，現灌田十三萬三千餘畝。

天水渠接引之清水溝，發源於漢渠退水之巴浪湖，經吳南村由秦渠底修作陰洞以穿過之，下流至石家橋始名天水渠。陰洞至石家橋一段大致低窪，能引水入田之處不多。更下經正閘而至尾閘，入洩水河至玉皇墩入黃河。天水渠計長三十公里，大小支渠七十二道，完全澆灌河忠堡田二萬六千餘畝。

關於十大幹渠之寬深尺度及每年淤澱情形可於下表察其梗概：

第四表　甯夏平原十大幹渠寬深尺度及每年淤澱概況表

渠名	底寬（公尺）		水深（公尺）		長度（公里）	支渠數目	灌田畝數	每年淤澱情形
	上段	下段	上段	下段				
美利渠	一〇	四	二•三	一•〇	七七	一三七	一三〇，八六五	渠首積卵石厚約三公寸長七公里，中段淤澱泥沙七公寸，尾段二公寸
七星渠	三〇	七	三•〇	〇•八	六六	一七一	八四，五四八	上段淤澱較輕，中段淤積泥沙一公尺，下段二公寸
唐徠渠	七〇	一〇	三•六	一•四	二一二	五五一	六〇〇，五四八	渠首積卵石七公寸，長四公里，閘內渠身淤澱泥沙一•五至二公尺
漢延渠	二七	六	三•五	一•二	一一〇	四三六	三四五，八七五	渠首卵石一公尺長一公里半，中下段淤泥沙約三公寸
惠農渠	二〇	一〇	二•五	三•〇	一八四	七一三	三九六，三〇六	渠首積卵石一公尺長五公里
大清渠	一六	七	一•六	一•三	四五	一二五	五九，七五〇	渠首積卵石七公寸至一•三公尺，中下段淤泥沙一公尺。
昌潤渠	九	五	一•七	二•〇	八五	二一五	二七，一五六	渠口變動無常每年須開挖一•五公里，淤沙尚有一•五公里厚四公寸
秦渠	一七	七	二•七	一•〇	七二	二四〇	一八六，二六六	渠首積卵石一•五公尺長三公里，中段淤泥沙一公尺下段半公尺
漢渠	二〇	五	二•四	一•〇	六三	三六七	一三三，六〇〇	渠首積卵石一公尺長六公里，中下段淤泥沙〇•一五至一公尺
天水渠	五	五	二•〇	二•〇	三〇	七二	二六，一〇四	淤泥厚十七公寸長十公里

寧夏平原十大幹渠而外，其他幹渠不下二十條道。茲將各渠起訖地點，長度及灌溉面積，列表於下：

第五表　甯夏原有渠道統計表（三）

區別	渠名	起訖地點	長度（公里）	最大流量（秒立方公尺）	灌溉面積（畝）
河西區	唐徠渠	青銅峽——惠農堡	三一〇	八〇	六〇〇，五四八
	漢延渠	漢壩堡——李岡堡	一一〇	六〇	三四五，八五七
	惠農渠	漢壩堡——石嘴山	一八四	四〇	三九六，三〇六
	大清渠	大壩堡——李俊堡	三七	一六	五九．七五〇
	昌潤渠	通昌堡——寶豐	八五		七五，一五六
	滂渠	通伏堡——外紅崗	六〇		一七，〇九八
	永惠渠	五香堡——東永惠堡	二四		一一，四〇五
	永潤渠	渠口堡——靈沙堡	二〇		一一，一三六
	西官渠	東永惠堡——永屏堡	二四		一四，五〇〇
	東官渠	東永潤堡——沿場堡	一六		二，三〇〇
	馬家灘渠	大壩——馬家灘	四		二一，八〇七
河東區	秦渠	青銅峽——靈武	七二	一八	二一〇，〇〇〇
	漢渠	青銅峽——巴浪湖	四九	二〇	一七〇，〇〇〇
	天水渠	巴浪湖——退水溝	一八	四	二六，一〇四
中衛區	羚羊角渠	上河沿——張林子	一二		一四，四八六
	羚羊壽渠	倪家灘——關帝營子	一九		一一，七四〇
	羚羊夾渠	永康堡——楊家營子	二四		三〇，九八八

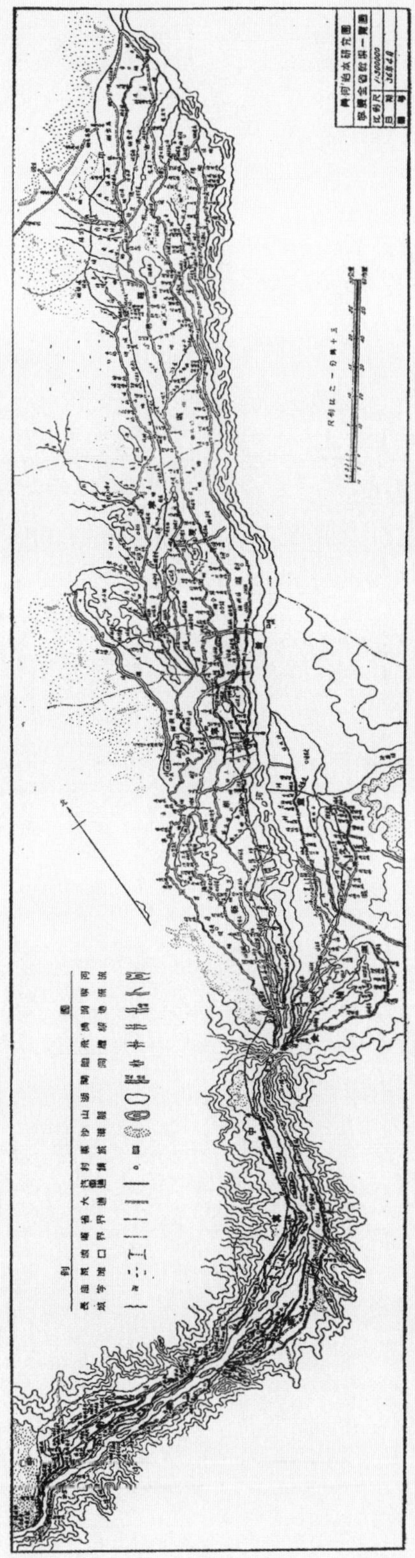

七星渠	泉眼山——乾河子	六六	一九	八四，五四八
柳青渠	泉眼山——恩和堡東北	二〇		一九，一七六
通濟渠	何家堡——高家墒子	一六		四，八三一
新生渠	得勝修——張義堡	三八		三〇，四九五
中濟渠	石空——棗園堡東	三二		二〇，二五六
長永渠	棗園堡東	八		五，四八一
李家灘渠	泉眼山北	三三		一，七〇三
大灘渠	泉眼山北	七		四，四七四
孔家灘渠	泉眼山北	三三		一七〇
田家灘渠	泉眼山北	四		二，一三〇
康家灘渠	泉眼山北	一二		一一，一〇三
新南渠	中寧縣南	六		五，二九二
黄辛灘渠	中寧東北	一〇		一五，九三一
豐樂渠	棗園堡東——廣武	五七		一九，七五〇
新渠	廣武	七		一，九八七
新北渠	中寧東北	八		四，〇七四
美利渠	沙坡頭——勝金關	七七	一八	一三〇，八六五
太平渠	黑林灘——柔遠堡北	三三		四七，六七八
新北渠	莫家樓南——鎮羅堡	二〇		一七，二六〇
復盛渠	鎮羅堡——油梁溝	一三		二，五五六
總計				二，四三八，九四一

寧夏省境內除寧夏平原之三區外，尚有磴口區，亦有渠道甚多，如公衆，渡口堂，大灘，沈家河子，協成豐，烏拉河，三聖公等渠，灌溉近十萬畝。地權屬於阿拉善旗，行政系統。與各縣有別，水利改進尚須待諸將來。

灌溉方法　寧夏河渠完全利用天然形勢，由岸邊開挖一口，任水自流入渠，故皆爲自流式之灌溉渠。諸渠各具一口，或引黃河之水或利用湖水，或接用他渠之退水。(二)

灌溉方法係屬輪流漫灌制，依例每年內輪澆三次，五月初至六月末爲「頭水」，澆灌夏禾。八月初至十月初爲「二水」，澆灌秋禾。十一月爲冬水，澆灌白地用備春耕。每次例由官方派員主持，決去捲埽，引水入渠名爲開水。同時將上游各支渠斗門先行關閉，逼水到梢，名爲封水。封水之時於各支渠酌留水四、五公寸，調節渠梢水量，無使過大，是謂「淌水」。水到梢後自下而上，挨次澆灌。大抵頭水以立夏後十日左右得水爲及時，半月後得水者則作物成長不良，若遲至二十日甚至一月後方得水，雖有收穫，亦僅二三成矣。二水澆秋田最爲重要，三水則秋夏田皆須澆灌，十二月初即須澆遍，此爲來年夏田根本，須灌足及春方能下種。夏、朔二縣地多低下，易生鹼，故種麥豆三、四年必須輪種水稻一次，藉水浸漬，以消鹼鹵。(三)(二)

排水情形　灌區土質多砂，水之滲漏極易，故地下潛水甚高，地面低窪之區每因浸水而成池沼。復以退水溝道日就淤廢，灌溉餘水無由排洩，多瀦積於地面低窪之處。沼澤鹹灘處處皆是，非水草不生即斥鹵不毛，農田之淤廢因以日多。

中衛區排水情形較佳，湖沼鹹灘較之河西河東兩區均較少。在黃河北岸有排水溝二道，一曰北沙溝，起自洛陽湖，止於勝金閘，溝水排入新生渠，全溝長凡三十二公里，排洩洛陽湖及五塘等湖之積水。沿溝北岸多沙漠流沙往往入溝，妨礙水流。溝內水面較地面爲高，易致汎濫成災，溝底平均寬五公尺，深度一公尺許，水味苦鹹。一曰清水溝排洩中衛城北諸湖水及美利太平新北諸渠之餘水。下游與北沙溝匯流長凡二十五公里，深寬與北沙溝略同。溝內水草叢生亦有阻礙水流之弊。在黃河南岸亦有排水溝二道，一曰唐家湖東溝，一曰唐家湖西溝，均係排洩唐家湖之積水。西溝穿羚羊夾渠北流作涵洞一處，坡度爲千分之一，至紅崖子直接入河，長三公里半，底寬一公尺三，深自三公寸至七公寸不等。東溝起自唐家湖，傍山東流，兼以容納山洪，北折經張家營子長灘而入黃河。亦穿逾羚羊夾渠修有涵洞，長凡五公里，深廣與西溝相若，排水情況尚佳。

河西區排水溝道，計分四大系統：(一)永洪溝自陳俊堡至林皋堡入河計十五公里，排水面積約七十五平方公里。(二)白楊溝下游流入永洪東溝，下接永安溝，另有永洪西溝之水亦匯入永安溝。永安溝之水一部份逕入黃河，另一部份接入黑楊溝。黑楊溝之水一部份亦逕入黃河，另一部份下接黃陽溝而入黃河。此一系統各溝全長約一百十四公里，排水面積約一千一百十六平方公里。(三)環城溝下接北大溝，另有小中溝亦匯入北大溝，北大溝於通濟堡入黃河。全部溝長五十八公里，排水面積二百六十七平方公里。(四)連湖溝下接西大溝於石嘴子入黃河兩溝共長一百七十五公里，排水面積八百六十五平方公里。

河西區地勢，南北向較東西向爲陡，十餘道排水溝內除白楊，連湖爲新興溝道外，其餘均係舊溝，就中以永洪溝及永安溝排水情形較佳，溝槽寬深皆較大。前者寬五公尺深二•七公尺，後者寬四公尺深二•七公尺。其餘各溝原多淤塞湮沒，近年經寧夏省政府加以濬修，漸復古代規模，深度多在二公尺許，寬度多爲二公尺亦有廣至六公尺者。但缺點仍多尙待改進。

河東區排水以宣洩湖沼積水減免山洪災害爲主，本區湖沼大小共有二十三處佔地約四萬畝。地面形勢較河西爲陡，故渠道與排水溝均有較佳之比降，區內現有排水溝二道，一爲山水溝，一爲淸水溝。山水溝排洩金積以南螺山等山內之山水，下經靈武灌溉區，蜿蜒甚長，最大流量約爲八十秒立方公尺，平均深度爲四公尺，比降二千五百分之一，寬度平均爲三十五公尺。溝中平時無水，山洪暴發最多一日卽消，穿秦渠處之涵洞因斷面過小，建造不堅，易被沖毁，妨害秦渠不言而喩。下游流於黃河灘地入河，亦感灘面高仰不易宣洩。淸水溝排洩靈武巴浪湖及其以南諸湖之水，溝亦穿秦渠建有涵洞，洞以上比降約爲一千云百分之一，溝身較高，巴浪湖水未能盡量排出，洞下流至河忠鄉入黃河，全長四十五公里，平均寬五公尺，深約三公尺，平均比降爲三千分之一，最大流量約爲五十秒立方公尺。下游一段溝身較高，可以利用灌田，稱之爲天水渠。

各區溝道就目前之情況觀之，或因溝線系統不良或因比降過於平緩以及斷面不足寬大，涵洞未合法度，以致宣洩不暢積水成災，而溝內水草叢生，阻礙排水尤爲人力未盡之遺憾。

農作概況　寧夏氣候乾燥，雨量稀少，旱田無法種植，然因灌溉便利農作物不亞江南。無論夏禾秋禾年只一稔，蓋受氣溫之限制也。玆將寧夏農作物種類及播種收穫情形列於左表：

第六表　寧夏農作物種類及播種收穫情形(二)

種類	播種期	收穫期	生長日數	每畝年產量(市石)	每畝所需種子(市石)	澆灌次數	灌溉總水深(公厘)
大麥	春分	初伏	一〇〇	一•〇——三•〇	〇•二	三	二一〇
小麥	春分	大暑	一二〇	一•〇——三•〇	〇•二	三	二一〇
豌豆	春分	初伏	一〇〇	〇•三——一•五	〇•〇六	二	一六〇
扁豆	春分	夏至	九〇	〇•三——一•五		二	一六〇
胡麻	清明	立秋	一二〇	〇•五——二•五	〇•〇三四	四	二八〇
青豆	小滿	寒露	一四〇	〇•三——一•五	〇•一〇	四	二八〇

高粱	小滿	寒露	一四〇	二•〇—五•〇	〇•〇四	三	二七〇
黃豆	春分	中伏	一二〇	〇•八—四•〇		三	二一〇
旱糜穀	夏至	處暑	七〇	〇•三—三•〇			
穀子	小滿後	秋分	一三〇	〇•三—三•五	〇•〇二	三	二一〇
水稻	芒種	秋分	一二〇	二•〇—四•五	〇•三三	常水	經常維持二六〇公厘水深
糜子	夏至	寒露	一二〇	〇•三—三•五	〇•〇三四	三	二一〇
蕎麥	夏至	秋分	九〇	〇•六—二•五		三	二一〇

寗夏灌溉久著於世，年種年收，應無災害可言。但究其實際，人事未盡，亦時遭水旱之災。蓋因黃河未治，大溜遷徙無常，沖坍堤岸淹沒良田之事時有所聞。或因冰凌擁塞而告潰溢亦屢見不鮮。至於降雨原不需要，一遇霪雨反致災害。又遇黃河流量過小之年，渠口進水不多亦足演成枯旱歉收現象。

灌溉區上部用水方便，宜種水稻，故河西區自宋垣以上稱爲水稻區域，種稻者平均佔十分之七。其餘部份以及中衛河東兩區種稻者較少，平均各佔十分之三。在每一小區域內，普通作物種植，有局部集團性，種稻則皆種稻，種麥則皆種麥，若某田單獨種稻，用水將浸害鄰近農田作物，故爲禁例。

據寗夏資源志(一)所載：寗夏農作物總面積與耕地面積大致相同，約爲二，五〇六，五六〇畝，此數比較黃委會測勘隊三十二年所調查者略小。其中食用作物面積約佔百分之九二•六一，特用作物面積佔百分之六•四五，園藝作物面積佔百分之〇•九四。茲錄食用作物統計數字表列於左，以示寗夏各種主要農作物生產之概況。

第七表　甯夏食用農作物之產量

種類	面積（畝）	面積百分比%	常年總產量（市石）	備註
小麥	六六二，五一八	二八•四五	九九三，七七五	
水稻	三一五，三四六	一三•五八	九四六，〇三八	
糜	四九六，八八三	二一•四一	九九三，七六六	
穀	一九七，三二五	八•五〇	四九三，三一〇	

高粱	一二七，〇四一	五・四〇	二五四，〇八二
大麥	一一五，五〇八	四・九八	一八四，八六〇
蕎麥	三九，七九二	一・七一	四三，七六七
豆類	三六六，七五八	一五・三二	四七七，六二八
其他	一〇九	〇・五八	種類及產量未詳
總計	二，三二一，二八〇	一〇〇・〇〇	

擴充希望　據整理寧夏灌漑工程初步計劃(三)寧夏實際灌漑畝數僅佔全部面積三分之一。據寧夏河東河西兩區水利工程計劃綱要(四)河東區如經整理擴充約可增加灌漑面積三十餘萬畝，河西區約可增加百餘萬畝，又原爲湖沼城灘多可變爲良田，復可增加百餘萬畝，共計約可增加良田三百三十萬畝，此數已超過現有灌漑之面積。

寧夏人口現爲七四一，六二六人，假定灌漑面積儘量擴充，輔以工商生產事業之發展，則增加百萬以上之人口尙足以維持相當水準之生計，可無疑慮。

第二節　綏遠灌漑區

綏遠三套　綏遠外接蒙古，內蔽山陝，東鄰察哈爾，西界寧夏，爲西北邊防要地，陰山山脈蜿蜒東西，黃河屈曲滐迴其南，橫貫本省。陰山以北密邇蒙古砂磧，地瘠人稀，僅事遊牧。黃河迤南爲伊克昭盟鄂爾多斯台地，多屬荒漠，間有農耕之利。唯山南河北間平疇沃野，一望無際，卽所著稱之河套灌漑區也。(六)

烏拉山西山嘴以東，黃河之東北岸爲前套，包括包頭薩拉齊，托克托，清水河等縣，沿岸均可用黃水灌漑。

烏拉山以西，黃河以北烏加河以南爲後套，包括米倉，狼山，臨河，晏江，五原，安北等縣均賴河水灌漑。

黃河以南長城以北爲大套，包括鄂爾多斯東勝縣，沃野設治局等全部。自可可木頭起之黃河南岸(俗稱河西)直達準格爾旗，土質肥沃，可用河水澆灌，至伊盟內部沙山叢莽，牧草優良，所種地畝多賴山泉雨水灌漑。(七)

面積與人口　綏省面積約三二九，九二四平方公里，其間河套(包括前套後套及大套一部)約三萬餘方公里，約佔全面積十分之一，共合五十萬頃。全省人口據民國二十一年之調查約爲二，二八二，八六六人，又據民二十三年之調查，除烏伊二盟十三旗外，各縣人口共一，七七二，六一七人，耕地二三，陋八一，一六二畝，每人平均佔耕地一三・二畝。又據民三十三年綏西各縣市人口之調查，計後套連同軍公人員十萬在內共三九二，一三九人，耕地約二四〇〇〇頃，平均每人佔地六・五畝

，糧食不虞缺乏。（七）

氣溫　綏遠地勢高亢，一日之間寒暑往往數變。按後套二十二年至三十年冬季平均溫度爲攝氏零下八・四度。二十三年最冷日間溫度爲零下二九・九度。夏季平均溫度爲二二度。二十五年最熱日間溫度爲四〇・三度。（六）全年平均溫度約爲六・八度。（七）

據歸綏農林試驗場二十年記載，可分全年溫度爲四期。第一期自白露至穀雨計一九五日，是爲冬季，而每日平均溫度在零度以下者約歷五個月。第二期至穀雨至小暑大暑之間，計長八五日，是爲春季。自小暑與大暑之間至立秋後五日是爲夏季，計長約一個月。自夏季末至白露計五五日，是爲秋季。農作物雖有伏秋早晚之分，實則年僅一稔。綏寧毗鄰之三盛公近年以來之溫度記載有逐年增高之象，後套氣候漸趨溫暖亦有相似情形。（七）

薩縣廿四頃地一九一四至一九二三年之統計，每年封河時期約在十一月二十五日至十二月五日之間，開凍時期約在三月十八日至二十四日之間，故冰凍時約三個半月。其絕對最低溫度爲零下三十五度，殆爲黃河流域現有記錄中之最低溫度。（六）

雨量　綏遠雨量記載以歸綏，二十四頃地及薩拉齊時間最久。歷年各地各月平均雨量如左表：

第八表　綏遠各月之平均雨量　以公厘計（六）（七）

地名	一月	二月	三月	四月	五月	六月	七月	八月	九月	十月	十一月	十二月	全年	最高	最低	記錄年份
歸綏	12.2	16.2	12.2	11.8	48.5	56.9	123.9	101.9	73.4	18.9	17.7	22.8	426.4	880.0	35.1	民四至民卄四年
二十四頃地	2.0	4.0	8.0	8.0	23.0	43.0	98.0	74.0	52.0	14.0	3.0	5.0	336.0	433.6	170.0	民八，民十九至民二十九年
薩拉齊	6.8	5.9	9.4	5.0	31.9	43.1	111.9	67.4	36.3	13.6	7.5	10.7	351.5	632.4	235.3	民廿，民廿二至民廿七年，民廿九年
後套	19	19	4	9	14.3	33.3	93	166	22	16	1	1	377	458	242	民三十一至民三十二年

各地雨量均以七，八兩月爲最多，歸綏七，八兩月總雨量約佔全年雨量百分之五十三，後七，八兩月總雨量約佔全年雨量百分之六十九。

土壤　套區之內均係黃河沖積區，粘土沙土互叠成層，爲耕種佳地。惟大部均含鹼性，幸爲害最烈之炭酸鈉含量甚少，石灰質含量較多，亦爲西北黃土之通性。其鹼性係數P.H.值平均約爲八・三七。故綏省灌溉亦應注重排水也。

綏境黃河概況　黃河傍寧夏境賀蘭山東麓北行爲狼山所阻，繞鄂托克旗境至渡口堂，始入於後套。下至西山咀有小佘太河及烏加河來匯，再循烏拉山南麓東行，收崑都崙，泡爾東太，昂賴罕太諸溝水，以抵包頭之南海子碼口，又收哈什拉川，柳溝，呼思太河等水。偏東南行至托克托縣之河口得大黑河水，勢遂南流。經淸水河縣匯紅河，淸水河而至老牛灣乃出綏境，計全長四百餘公里。後套前套，沃野千里，渠道水源均取給於黃河。

大黑河爲黃河最大支流，發源於集寧縣卓資山，斜貫歸綏南部，蜿蜒薩托，入於黃河，計長二百餘公里。歸綏薩托皆賴此水澆田，計流域面積二萬五千方里。應澆之地在二萬餘頃以上。在過代村之東三里許，有四村渠攔河築壩引水入渠，平時流量爲五十秒立方公尺。下至渾津橋民豐渠在焉，因歷年大水，民豐渠多遭沖刷。下至什樂村入薩拉齊縣境，於高家野場過民生渠梢，南下至後七星湖之北入托克托境，最下游近河口一段，蘆葦叢生，沙泥淤塞。山洪期間，大黑河流量可達六百秒立方公尺，含沙量約爲百分之二十。以前因管理未週，用水期間往往爭水械鬥，戰前每年僅得澆田六千餘頃，現正由綏省水利局設法改進中。(七)

黃河水位　黃河在河套一段河槽寬整，水位漲落差異甚小，最高最低水位之差約二•三公尺。最高水位在八，九，十月間至十一月下降，最低水位約在四月。每年汛期約可分爲五種，一曰春汛又名凌汛，係由春融冰泮而成，水漲高時可較普通低水位增高二公尺，汛期恆在春分清明節間，流期由五日至半月不等。二曰熱汛，水位約增高一公尺，汛期在芒種前後，流期短時五，六日卽退，長時可達三旬。三曰伏汛水位可增高一公尺五六，汛期在小暑後，流期兩月。四曰秋汛水位稍遜於伏汛，在白露後，流期未有延及兩月者。五曰冬汛水位與春汛相若，汛期在小雪後封河前，旬日卽退。(六)

黃河流量　綏境上游石嘴山之流量，已略述於上節，至於綏省下游包頭之黃河流量，自二十三年六月開始記載，該月平均流量爲三二〇秒立方公尺，七，八，九，十各月爲洪水期平均流量爲一六〇〇秒立方公尺。最大洪水在九月八日，流量爲二〇九九秒立方公尺。十一月以後漸次下降。二十四年二月間最小流量爲二〇〇秒立方公尺。二十四年一月至六月平均流量爲一〇〇〇秒立方公尺。七，八，九，十各月爲洪水期，平均流量爲二〇〇〇秒立方公尺。最大流量在九月二十七日，流量爲二八六〇秒立方公尺。十一月以後漸次下降。二十五年二月間最低流量爲七〇〇秒立方公尺。(六)

按前華洋義賑會曾在包頭下游三十華里民生渠設水文站，其歷年測得最高水位及流量如左表：

第九表　包頭民生渠水文站黃河之最高水位及流量(六)

年份	水位(平綏路水準標高以公尺計)	流量(以秒立方公尺計)
一八	九八九•三五	三〇〇〇

一九	九八八・八五	一三〇〇
二〇	九八八・六八	一四〇〇
二一	九八九・一二	一八〇〇
二二	九八九・四五	二五〇〇
二三	九八九・三五	二六〇〇
二四	九八九・六三	二八五〇

按黃河水利委員會「黃河概況及治本探討」內載：「綏寧長槽有平衡上游漲水之功，參以過去紀載，吾人敢謂包頭流量不能超過每秒四千立方米，非屬武斷，該處夏季流量常高至每秒二千立方米，」是以包頭最大流量約為四〇〇〇秒立方公尺，最小流量約為二〇〇秒立方公尺。

黃河比降與含沙量　按綏西水利局復興渠工工程計劃書載：「黃河由三聖宮東北流至惠德成，折而東南，抵烏梁素海計長一八八公里，平均坡度為六千三百分之一」。按張含英氏估計磴口至包頭間平均坡度為〇・〇〇〇二八，民生渠附近黃河坡度則約為一萬分之一。(3)

黃河在綏遠省境內含沙極微，按華洋義賑會及黃河水利委員會歷年觀測結果，最大含沙量為百分之二・五五最小為百分之〇・一二。

渠道沿革　後套開渠始於唐代，清季王同春，始殺諸人經營開劃不遺餘力。民國以還，漸就荒廢。迨抗戰期間又復整頓，計可灌之地約為一千二百餘萬畝，二十八年清丈時僅灌地八十萬畝，近年逐漸擴充已增至三百萬畝，西北抗戰軍糧全數取給於此。

前套之三湖河區灌溉始於何時，雖不可考，然當與後套開渠時期相去不遠。本區可灌之地約七十萬畝，現時灌溉者僅及五分之一。

前套之薩托區民生渠係民國十七年興修二十年完成，因施工倉卒，工程弱點太多，結果滴地無澆，(三)閘門渠道均就毀損。

渠道概況　後套灌溉純係利用黃河漲水自流入渠。漲水期之久暫及水位之高低，年各不同，以致河水入渠之遠近，灌溉面積之大小均隨之變動不定。後套幹渠之大者凡十有一：曰楊家河，黃土拉亥，永濟，剛濟，豐濟，沙河，義和，通濟，長濟，

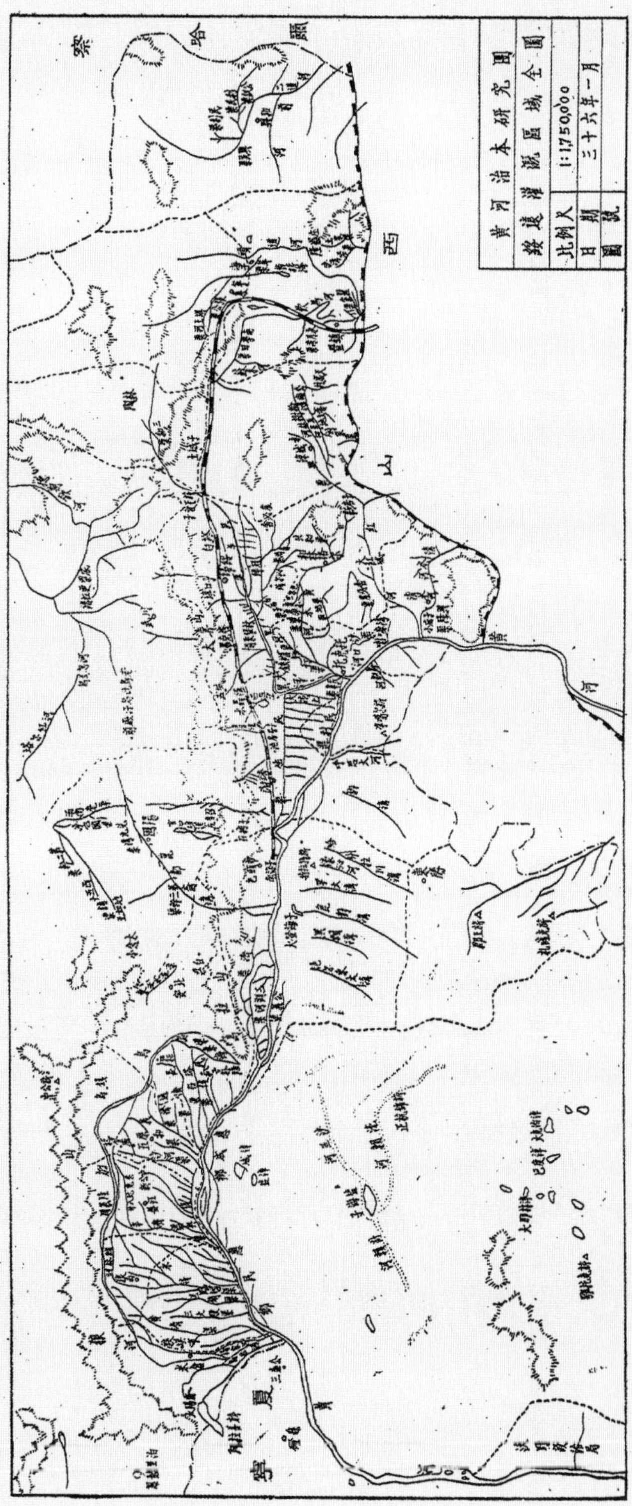
黃河治本研究團
擬建灌溉區域全圖
比例尺 1:1,750,000
日期 三十六年一月
圖號

塔布，及民復等渠。各渠概況見次表：

第十表　後套十一幹渠之概況（六）

渠名	地點	渠長（公里）	平均寬（公尺）	平均深（公尺）	坡度（一比若干）	流量（秒公方）	灌溉面積（畝）潦年	常年	旱年
楊家河	米倉晏江	六四・一	一五	一・二	五七一三	四・一	四〇〇〇	五〇〇〇	六〇〇
黃土拉亥	臨河晏江	八六・二	二八	一・九	六二六八	一〇・六	五〇〇〇	二五〇〇	一〇〇〇
永濟	狼山臨河晏江	八一・四	二四	二・一	五八三三	四七	六〇〇〇	三〇〇〇	一〇〇〇
剛濟	臨河	五七	一一	一・七			五〇〇	三〇〇	一〇〇
豐濟	臨河晏江	五一・八	二八	一	六二〇七	九・一	二〇〇〇	一〇〇〇	五〇〇
沙河	晏江五原	四九・八	一九・五	一・三	七九二一		一〇五〇〇	六〇〇	二〇〇
義和	五原安北	五〇	一六	一・八	七四七八	一六	二〇〇〇	一〇〇〇	三〇〇
通濟	五原安北	五九・三	一六・四	一・一	八二三四	八・一	一〇〇〇	五〇〇	二〇〇
長濟	安北	六二・六	一六・三	一・三	八一九一	一四・四	一五〇〇	八〇〇	三五〇
塔布	安北	三五・一	一二	一	六八二七	七・三	一二〇〇	五〇〇	一五〇
民復	安北	二七・五	一〇	一・五			八〇〇	四五〇	二五〇
總計							二五五〇〇	一三一五〇	四六〇〇

此外尙有較小渠三十共長約三百公里，灌田四千七百四十頃，連同上表所列數字，總計潦年可灌田三〇・二四〇頃，常年可灌一七，八五〇頃。

各渠中以永濟，豐濟楊家河及黃土拉亥諸渠效益較高，其餘大年效益甚鮮，考其原因，約有四點：（一）渠口地點過高且係自流式無法操縱渠水流量。（二）渠水坡度不合行水難以及遠。各渠坡度最大者且超過黃河之坡度，往往餘水不能退流入河，氾濫成災。（三）後套各河均以爲加河爲退水溝，但以爲加河水位過高防礙退水。該河長凡三一四公里平均坡度一萬九千分之一，尤以烏梁素海一段坡度最小，約爲三萬九千分之一，流勢紆緩且常有自該河倒灌之虞（四）河床變遷無定，渠口形勢靡常，以致每年修繕所費甚鉅而控制進水並無把握。渠道缺點略如上述，今則旱年小水難以引灌，潦年餘水，無從宣洩，荒蕪遍野，鹼鹵滋生，需要整理至爲迫切。（六）

黃河由後套東行，至西山嘴分流爲二，北股細微是爲三湖河，經流西公旗地帶，長凡一百二十公里，與黃河正流夾河成灘，灘地約七十萬畝，開有東大，西大，西官，公濟，王留子壕等渠灌地近六十萬畝，抗戰期中多未耕種。玆將上述前套三湖河區各區概況列表於左：

第十一表　前套三湖河區各渠之概況（七）

渠名	地點	渠長（公里）	平均寬（公尺）	平均深（公尺）	灌溉面積（頃）	備註
東大	包頭	二四	一三	二	一五〇〇	各渠均待整理始
西大	包頭	一八	一三	一·七	一〇〇〇	有應用
西官	包頭	一二	一三	一·七	一四〇〇	
公濟	包頭	四五	一二	一·七	二〇〇〇	
				總計	五九〇〇	

前套之薩托區民生渠規模宏大，原計劃灌溉薩拉齊及托克托兩縣境地。渠口位於平綏鐵路鐙口車站附近之黃河北岸，幹渠東南行，凡七十公里而退水於大黑河，灌溉面積約二百萬畝。渠口建有鋼筋混凝土進水閘一座，計分四孔。渠尾在大黑河右岸建有六孔鋼筋混凝土退水閘一座。除幹渠外原計劃共修支渠十四道，然第一支渠閘門建成後，渠道即因故停修。第二至第八等支渠各閘門及渠道均已完成。第九支渠完成渠道僅三公里，其餘支渠均未開挖。民廿一年放水後即未收灌溉之效。今則隄岸多處已被山洪冲毀，渠道大部淤廢，蓋以施工期間急於求成，倉卒從事未經測量，遽爾興工，遂終遭失敗。玆略論其缺點之所在，俾作將來整理之參考：

子、進水閘閘檻高度不合　查進水閘閘檻高度爲九八六，四五公尺，黃河水位通常僅高出閘檻一公尺左右，水頭嫌小，進水不暢。

丑、退水不暢　黃河本身之坡度極小，約一萬分之一，而民生幹渠坡度則爲八千三百分之一，較陡於黃河故渠尾高度反較退水處之大黑河爲低，致渠水宣洩不利。漲水之時，若黃河大黑河同時上漲則不免漫決成災。

寅、山水不能妥予宣洩　總幹渠由西而東，五當溝及麥達溝之水由北而南，適爲渠道所截斷。每遇山洪暴發則兩處山水居高臨下，勢若建瓴，直衝渠堤，或漫溢橫流，或壞堤奪渠，山水多泥，渠道遂以淤廢。（六）

前套渠道除上述三河湖及薩托區外，其餘如包頭固陽兩縣山泉渠道，如整理得宜，亦可達二萬頃之耕地。（七）

大套自臨河南之可可木頭起至西山咀下之丁紅灣止爲一段，計長二百餘公里，寬六至十餘公里不等，引用黃河水源，可得灌地一萬餘頃。自丁紅灣以下如安惠渠，公議渠，公三渠，柳溝渠，及其他山泉渠道等又爲一段，發展後可達受益田畝萬餘頃。

綏遠境內三套以外如歸綏，武川，和林格爾，涼城集寧，清水河等六縣又自成一水利管理區，該區以大小黑河水利最溥，連同各山泉盆地，合計地方袤延一百五十至二百餘公里，寬五十餘公里，一經整理發展受水田畝當在三萬頃以上。（七）

灌溉方法　套區引水之法有三：一爲引倒漾水，即渠口並不直接河身，蓋恐口臨正槽流急沙多而易淤毀，故逆流上引以避之俟河水經過迴流一次然後入渠。二爲引套水，即就灣曲叉流之處開口，淸平水淺兼有沉沙之功。三爲利用迎水壩兜水入渠，，大抵就勢利導，因地而異。其用水方法，大抵與寧夏灌溉區同。渠道淤墊多於冬季放冰水入渠刷淤，蓋以枯水時期含沙量極微，故有刷洗本年新淤之功。

農產種類　綏省農產每年一熟，以小麥，油麥，糜子，穀子爲大宗，蕎麥，高粱，大麥等次之。近年試種水稻亦頗成功。綏寧相去不遠，農作情形大致與寧夏彷彿。

擴充希望　綏遠灌溉區以後套爲最重要，水足之年雖可灌田三萬頃，而常年澆灌之地最多不過五分之三，至於旱年僅及五分之一。今後如欲儘量利用耕地，使其水足豐收，則對於渠道自須大加改進。若能提高進水水頭，更可擴大灌溉面積，據黃委會「整理綏遠灌溉工程初步計劃」擬將後套及三湖河合併整理，將來灌溉面積預期可達一千零七十萬畝，當可容納移民一百五十萬人以上。民生渠及其他各區渠道經整理後，亦可得八，九萬頃之灌溉面積。

第三節　各種整理計劃述評

寧夏灌溉區之整理計劃　黃河水利委員會曾派查勘隊赴寧夏區查勘，於三十二年擬有「寧夏灌溉區查勘報告書」，內容翔實，極可珍貴。根據該項報告黃委會曾擬具「整理寧夏灌溉工程初步計劃」一種，茲將其計劃內容概述於后：

中衛區渠道擬略加改良並整理其排水溝道。河東及河西兩區渠道，原爲多首制，擬改爲一首制，於青銅峽跨河建壩，把提河水水位及有效水頭，兩岸各設閘引水。河西卽利用唐徠渠爲西幹渠，河東則利用漢渠爲東幹渠，其餘渠道概行作廢。再就原有舊渠整理擴充，河西估計可得灌溉面積二百萬畝以上，河東可得一百萬畝以上。給水量河西區估計爲一二〇秒立方公尺，河東區六〇秒立方公尺。唐，漢兩渠分設兩岸，其渠口擬較目前提高二•九公尺。並擬利用唐徠渠爲航運之用，渠首渠尾各建船閘一座。渠道及排水溝均擬加以整理。其詳細計劃並擬於測量後擬定。

黃委會嗣於卅四年組設寧夏工程總隊常駐寧夏工作，河東及河西兩區全部灌溉面積均已測量竣事，並已於三十五年八月擬定「寧夏河東河西兩區水利工程計劃綱要」(四)其計劃大致根據前述「初步計劃」之原則，包括渠首工程，水力發電工程，渠道工程及排水工程等項，依據實測成果，設計甚爲週到，擬定河東河西兩區灌溉總水量爲五六二秒立方公尺，河西增闢田地百餘萬畝，河東增加灌溉面積三十餘萬畝。茲就其重要各點略加討論藉供參考。

(一)渠首擬築攔河壩一座，壩採半活動式，底部爲固定式之水堰，高出平均河床約三公尺，上設跨度二三公尺之活動閘十孔，使渠首上游水位保持一〇三二公尺之高度。此壩上游水面之反漾作用最遠僅及青銅峽之上口，不致影響中衞區之灌溉。

(二)公路橋附於壩上兼利交通，誠有事半功倍之效。利用五•五公尺之水頭，三三〇秒立方公尺之流量發展二萬匹馬力之水電，詢足供寧夏發展工業之用。水電廠發電後之尾水通入灌溉渠供給農田之用以及利用河西幹渠爲航運渠道等各種佈置均合多目標之工程設計原則。

(三)攔河壩抬高水位僅爲水電之用對於灌溉渠之水頭並未增加，此或係美中不足之點，蓋排水困難幾爲普遍現象，如能將渠中水位稍予增高，排水溝之水位，較易佈置當有利於排水之通暢也。

(四)利用河西幹渠兼爲航運之用，第一號船閘設於擬河壩之左端，船閘長四十公尺，淨寬六公尺，上下游水位差三三公尺。閘下游接唐徠渠，渠身略加整理，卽可利用爲港塘，港塘末端設第二號船閘，大小尺寸與第一號同，以接河西總幹渠。在較短之距離內設船閘二座，未知可否併爲一座，如無重大困難則建築水位差較大之船閘一座似較便利。

(五)計劃綱要所根據之水文資料內上游金積水文站之流量，經灌溉區用水後流量似應減小，但實際下游石嘴山之流量返見增大，此種記錄是否可靠，不無疑問，卽屬可信。或由於灌溉區地下水之加入則將來整理工程完竣以後，此種現象將因灌溉區常年水量節制之影響而趨於改變亦未可知。一遇旱年寧夏灌溉區儘量擴充之結果是否影響下游綏遠灌溉區之水量，誠屬嚴重之問題，似不可不繼續研究特加考慮也。

以上諸點僅就「計劃綱要」之文字內容加以檢討未必有當。至於地下水位之探測，土壤之研究以及如何採用機器排水等問題，均有侍於今後之繼續辦理也。

綏遠灌溉區之整理計劃　黃委會曾於三十二年擬有「整理綏遠灌溉工程初步計劃」，擬將後套及三湖河區合併整理，另選幹渠並祗用一個總幹渠俾將舊式之多首制改爲一首制，建攔河壩一座固定水位，壩之左端建進水閘及冲沙閘各一座，以便操縱進水量及冲刷泥沙。餘如退水排洪等工程亦擬因地制宜另行規劃整理。預計整理後可得灌溉田地一千零七十萬畝。民生渠之整理擬廢棄原有進水閘，另選新址，建攔河壩一座，壩高五公尺，進水水頭當可足用，如仍用原有幹渠之坡度則大黑河之退水處將不致有倒漾之虞。如此則舊有困難已解決泰半。餘如排瀉山洪之設施以及退水冲沙等閘均擬待測量後設計之。此種初步計劃已將整理之原則詳舉無遺，詳細之計劃當有待於測量後方能擬定。

綏遠省水利局擬有「綏遠省水利復員計劃草案」及「後套灌溉區初步整理工程計劃」，述及後套渠道之弊點凡十一：一曰渠道爲多首制，二曰口部無控制，三曰渠口不能固定，四曰渠道坡度不均，五曰渠幅無定，六曰堤埝單薄，七曰渠道邊坡不合八曰退水不暢，九曰支渠紛歧過甚，十曰壩頭不定易致淤澱，十一曰渠水浪費過多。擬定治本原則六點：(一)培修黃河沿河壩，(二)裁併渠口爲四首制，(三)疏通烏加河以利排水，(四)調整渠坡渠幅，(五)疏通渠梢，(六)逐漸改良水利行政，整理財政確定組織。所稱四首制即留原有楊家河，永濟，復興，義和四渠之口引水，其流量分配如左：

楊家河總幹渠	一四〇秒立方公尺
永渠總幹渠	一三〇秒立方公尺
復興總幹渠	一二〇秒立方公尺
義和總幹渠	一一〇秒立方公尺

四渠之首擬各建進水石閘，其餘分水石閘，輸水系統，排水洗鹼，建築橋樑，以及開挖綏寧高水渠道藉補四首制水量之不足等項均在計議之中。

該草案對於整理三湖河區之意見，擬引烏梁素海之水以供灌溉，蓋可增加水流坡度，水源復可固定，且可澆灌北岸高地兼能減少烏梁素海氾濫之災。又對於民生渠之整理擬調整該渠之坡度，渠首上游建滑壩，或引至上游之南海子以接高水源，添修子支渠，修建排洪建築物及渠梢退水閘等項。

綏遠灌溉區尚未詳細測量，希望主管機關亦仿寧夏工程總隊之先例，從速派隊加以施測，以便規劃根本整理之計劃。目前綏遠地方人士擬利用善後救濟物資，先行建築四首石壩亦爲當務之急，蓋根本整理計劃之擬定恐尚需年月也。

統觀綏寧兩省灌溉事業之前途實具有無限光明之希望，中央地方通力合作，一切工事庶可早觀厥成。

參考書目：

（一）寧夏資源志。寧夏省政府編　三十五年鉛印本
（二）黃河水利委員會查勘隊三十二年寧夏灌溉區查勘報告書。油印本
（三）整理寧夏灌溉工程初步計劃。黃河水利委員會編訂三十二年油印本
（四）寧夏河東河西兩區水利工程計劃綱要。黃河水利委員會寧夏工程總隊編三十五年油印本
（五）寧夏省水利專刊。寧夏省建設廳編　二十五年鉛印本
（六）整理綏遠灌溉工程初步計劃。黃河水利委員會編　三十二年油印本
（七）綏遠省水利復員計劃草案。綏遠省水利局編　複寫本

圖目：

（一）寧夏全省幹渠一覽圖（五）
（二）綏遠灌溉區域全圖　綏遠省水利局製

第七章　晉陝段之水庫

李賦都

第一節　龍門及石門
第二節　壺口
第三節　龍門與壺口之比較

本段因軍事關係，壺口以上未得查勘。所經地帶為華陰、朝邑、郃陽、韓城灘地及龍門壺口間一段。爰將查勘情形分述之。

第一節　龍門及石門

黄河出綏遠平原，越托克托折而南流，入晉陝峽中。至韓城縣境之龍門，山嶺驟斷，此下即為平原，河身寬放。龍門在韓城縣城西北約十五公里，距汾河口約十五公里，距潼關約一三〇公里。

龍門口外兩旁山根略與河向成正角，故河出龍門即為廣大之平原。在出山口處兩岸有石伸入河內，東西相對形如蟹螯，又如丁壩。水由中部洩出，寬可六十公尺。西邊石與岸間，有水道寬僅二十公尺左右。河外較高時，亦可由此下洩一部，但仍歸正流，東西二石之上，均建有禹王廟，為東禹廟及西禹廟，現遭摧毁。

在龍門上游約一〇里處為石門。此處山峽特窄，河寬僅約一〇〇公尺。石門段河流略成東西向，其長度約可二三百公尺，適當上下二灣之間。在石門以上，河由北來，出石門復折而南流。水面較寛，東岸在灣曲之下端為梯子崖。石門以下約六七里，西岸為馬王廟，再下有支溝一道，河由此復折而東流，大溜趨西岸，水流急湍。至三跌浪以下，槽略南折，大溜直趨東岸，而達口門，計槽寬由石門至龍門約為二〇〇至二五〇公尺。

龍門至石門段之地質為奥陶紀石灰岩。按華北情形，其厚度約為五〇〇公尺至五〇〇公尺以上，上覆石炭二叠紀煤系(與八里胡同相同。)石層以一四度至二〇度向上游傾斜(北六五度西)。在龍門口附近，西岸有斷層，略成東西向，至東岸斷層已出口門。西岸斷層以下地層紊亂，如塌落而成者，山嶺即止於此。

由龍門至石門兩岸下部山崖甚陡，為奥陶紀石灰岩。其高度由龍門至石門逐漸低落，在龍門高達水面以上約二〇〇公尺以上，馬王廟至石門段西岸陡崖高可一〇〇至一五〇公尺，東岸可一五〇至二〇〇公尺，至石門高約一〇〇公尺，或低於此：

値。兩岸陡崖以上，山坡較坦，爲二叠紀紅沙岩層，間有煤層及鐵鑛。

龍門石門段因石崖，向上游傾斜，對於築壩頗稱適宜。山口斷層附近，不宜築壩，此上均有可能。石門河身特狹，惟堅硬石層較下游爲低。東岸梯子崖處，至水面以上七公尺爲頁岩夾石灰岩。按其傾斜度及距離推測，頁岩層至石門處約可下落四〇公尺，對於壩基似無影響。石門下游水面上下，石灰岩層似均夾有頁岩，是否適於築壩，則須詳爲鑽探也。

第二節 壺口

壺口屬陝西宜川縣，在縣城東北約一〇〇里，位於龍門之上游，計水程約六〇公里。由龍門順黃河西岸北行，經鱔魚口，竹園村，獨泉，下澗頭，桑柏鎮，約二一二里至壺口，悉爲山地。經過溪流甚多，皆黃河支流。其最大者爲縣川河，經宜川縣城，長約一八〇里。各溪水流湍急，均鮮灌溉之利。沿途地質情形，在鱔魚口爲奥陶紀石灰岩，進山口以後爲石炭二叠紀煤系。過竹園村爲三叠紀，上覆紅土層，山頂則爲黃土。三叠紀爲砂岩夾頁岩，厚約五〇〇公尺。故行谷中悉爲石崖，至山嶺則見黃土。溪流在低水時期水清流小，悉爲石底，滿佈滚石。洪水時揣想其含泥沙量，亦必甚多。蓋石層之上爲黃土覆蓋，雨水瀑發，當挾沖攜而下也。山中林木極少，山坡除有草覆外，多被墾殖成坡式階田。即陡坡亦有被耕種者。產量欠豐，故居民生活甚窮。

由桑柏村東行黃土原上，約一二里至黃河邊，石層出現，河岸崖壁陡立。由崖頂至槽底深可一〇〇至一五〇公尺。此處名曰龍王陂，適居二支溝之間成石嘴形，在壺口下游附近。由此向上游可望壺口，向下游可望孟門。

壺口距孟門約三公里，河流爲南北向。在壺口以上，河由東北來，折而南流即至壺口。出孟門復折向東南。

壺口孟門段地質爲三叠紀砂岩夾頁岩，以三至五度向西北（北三十度西）傾斜。東岸陡崖較底，其上山坡較坦，多爲草覆蓋，間有被墾殖者。槽底表面爲頁岩層，似甚平。由兩邊山根計寬約二五〇至三〇〇公尺。由壺口至孟門在此平底內冲成深溝一道。上游較窄，最窄處寬約三〇公尺，下游較寬可達五〇公尺以上。溝深約在三〇公尺左右。壺口以上水面達兩岸山根，河槽寬淺、及至深溝上端，全槽之水傾注入溝，成跌水。在低水時落差可達一〇公尺。溝內水流急湍，直達孟門。

孟門適在河槽之曲折處，近西岸有上下二島，深溝止於島之上游。由此河水又復寬放，水邊達兩岸山根，東折而下。

在高水時期深溝不能容納全河流量時，則兩邊漫水，壺口形勢不復可睹矣。或謂可用壺口跌水發生電力。依其形勢視之似非可能也。若欲在此段建築高壩，則以兩岸頁岩層厚而多，質亦鬆軟，而槽底以下地質情況尚不明悉，似應詳加攷慮與鑽探也。

第三節　龍門與壺口之比較

若以龍門石門一帶與壺口較，在地質及地形上言之，當以前者為優。龍門一帶尤以石門為最宜。設於石門築出水面一百五十公尺，則壺口已沒於水。如此可發電八十萬馬力左右，灌溉渭北，汾河下游及陝北高地，且能節制洪流，便利航運。其經濟之價值，至為重大。設於晉陝之交，於壺口之上更選一處或二處壩址，則可利用托克托河口鎮至龍門水頭之全量，用以供發展晉陝及綏遠之農業，及華北之工業之需。惟一切當有待於繼續之查勘研究。至於石門壩址之測量，及地質之鑽探，及晉陝交界地形之航測，實有早日着手完成之必要也。

第八章　晉豫段之水庫

李賦都

第一節　八里胡同

八里胡同在陝縣下游一二六公里處，上起大交口，下止黄牛澍，長約三公里。河流爲西北東南向。南岸屬河南新安縣，距縣城約九〇里。縈河由名蓮花棧。

由新安縣城北，行黄土原上約三〇里。下原過石寺河，經石寺街，甘泉，石井村，約五〇里至利安。再五里經椿樹坪。由此四里即至八里胡同。石寺街一帶爲産煤區，由此至八里胡同均爲丘陵地。

八里胡同北岸多係陡崖，陡崖以上山勢較坦，大交口以下約一公里處，有清河由北岸注入。清河口以上兩岸由高崖陡，河身窄狹。視察時水面寬約一〇〇餘公尺。清河口以下南岸多支溝，河岸凸凹欠規，河身較寬。黄牛澍以下，則山勢散漫，相距亦遠。

由利安至八里胡同，初爲黄土，其下爲石炭紀煤系（山西系），再下爲石灰岩（太原系）。上山過椿樹坪以至八里胡同，則爲奥陶紀石灰岩，其厚度約在五〇〇公尺以上，向河之下游傾斜（由西北向東南傾斜），其傾斜度約在一〇度左右。清水河口以上兩岸石灰岩夾有頁岩。石灰岩層厚度約爲三〇至五〇公尺，頁岩層厚度約爲一至三公尺。及至八里胡同之下段，頁岩層已下落深入槽底以下，水面以上雖間有之，但遠少於在清口之上者。

築壩地點以地形論，在大交口至清河口河段較爲適宜。清河口以下南岸地形欠規則。惟大交口清河口間兩岸石灰岩夾有頁岩，在地質上似不如清河口以下。至於槽底以下之地質情形，則尚待鑽探也。

第二節　三門峽

三門峽位於陝縣下游約二三公里處。由張茅北行登黄土原，約一〇餘里，經黄土溝數道。下原至黄河岸之史家灘。計全程約四〇里。史家灘下游約三公里，卽爲三門峽。

黃河在史家灘處南岸爲黃土，北岸水面以上之陡立部份爲第三紀紅粘土（紅沙岩），高出水面約二〇公尺左右，上覆黃土。河流爲東北向。河床亦寬，大溜近北岸。沿南岸灘地下行，至三門峽上游附近卽遇石岩，河爲窄束。至三門峽處折而東南流，河中有石島數座，高可二十公尺左右，分水成四股，卽三門峽是也。其靠南岸一股名曰鬼門，次爲神門，人門，靠北岸者爲娘娘河。鬼門神門及人門河水較寬，娘娘河較窄，僅於高水位時有水。鬼門與神門間之石島復有一小溝穿過，稱爲窗戶。各島之位置由南岸至北岸向下游橫斜。其下游約一〇〇餘公尺處，復有三小島，橫立河中。北爲梳裝石，南爲砥柱，其在中者無名。

三門峽河段地質爲石炭紀山西煤系（砂岩頁岩夾煤），夾火成岩（爲侵入層名曰閃長斑岩），向北傾斜。其傾斜度爲一〇至一五度。侵入層之厚度約在四〇公尺左右。南岸石層爲黃土覆蓋，斑岩以上石炭紀及紅砂岩或亦有之，但未露出地面。北岸斑岩以上，爲石炭紀，上覆第三紀紅砂岩，最上爲黃土。

由三門峽上游至梳裝石，河段槽底均爲斑岩。三門石以上斑岩層頂面，在南岸略高出水面以上（視察時之水面），故槽底以下斑岩較厚，在河底以下約二〇至三〇公尺，始遇頁岩。至三門石處槽底以下一〇至一五公尺卽遇頁岩。及至梳裝石處斷面，北岸槽底以下五至一〇公尺爲頁岩，南岸頁岩則已露出。

在三門峽河段建築高壩以地質及地形論，三門石之上游附近槽底斑岩層較厚，壩基較優。然河槽較寬，且南岸以至三門石處，水面以上之斑岩層較薄，其上卽遇黃土。北岸爲紅色砂岩，或不適於築壩。三門石處河槽較窄，南岸斑岩高達水面以上約四十公尺，似可建築較高之壩，惟河底堅石層甚薄，其下卽爲頁岩。三門石以下，在梳裝石斷面處，南岸槽底已爲頁岩，對於築壩似非所宜。

三門峽築壩之可能與否，全視石炭紀煤系之堅硬程度，及其是否適合於壩基而定。關於此點，尙待詳密之探察。

第三節　八里胡同與三門峽之比較

陝縣孟津間，宜於築壩之處，除八里胡同與三門峽外，尙有二處。惟考察之時，孟津適有戰事，澠池陝縣，亦甚緊張。且河無渡船，北岸時發鎗射擊。故僅能就八里胡同及三門峽之南岸加以査勘。原擬於考察上游完畢後，由陝縣乘船下孟津，亦以軍事尙未結束不果，深以爲憾。

就壩址論以八里胡同爲較佳。此工一成不只可以控制下游流量於一萬秒立方公尺以下，且可附帶發生一百二十萬馬力之電力。三門峽在八里胡同之上游，地質情形較差，但欲有同等之節水量，建壩可較低。故純就防洪之功用言，可就地質及築壩之費用上加以比較。若兼就發電言，欲利用陝縣孟津間之水頭，雖防洪壩設於三門峽，八里胡里恐仍必修一壩。故如何配置，始可得最經濟之效果，則有待於設計比較。爲今之計，搜集設計之基本資料最爲急務。

庫之容量，以能控制下游洪水流量在一萬秒立方公尺以下爲度。至於可否築壩更高，庫量益增，俾能調節全年之流量，亦可作一研究，以資比較。

故爲目前計，應先將八里胡同及三門峽之壩址加以測量，並作地質鑽探。並於上游完成地形測量，包括可能作庫之面積，範圍宜較廣，以爲各種設計之比較。

陝縣孟津間築壩之嚴重問題，當爲泥沙之游積。此因素將能影響築壩之可能性。最低限度亦必爲決定水庫容量（即壩之高低）之一主要條件。故對於行沙之研究，及防沙之設備，必須採進一步之處理。

第九章　建議

張含英

（一）貴德以上之龍羊峽，循化以上之公伯峽，皆可攔河作壩，用水發電，每處可達五萬至十萬馬力之譜。似可即派員勘測，並比較其價値，以定施工之先後。

（二）蘭州爲西北重心，三年來已兩受河患，擬提請注意。玆擬定一五四七公尺爲蘭州之安全最高水位，四千秒立方公尺爲蘭州之安全流量。

（三）蘭州超出於安全流量之洪水，可蓄於上游攔洪水庫中。爲選擇庫址計，可於其上之幹支流作詳盡勘測，並在重要河流上添設水文站以作設計之依據。

（四）發展蘭州甯夏間航運，應以（一）支溝内修攔砂壩（二）河内修攔河壩及船閘（三）炸礁及（四）治灘，四法併用。設計暫以通行四百噸駁船爲準。

（五）甘肅盆地及寧綏航道，擬就整理河道及另闢運河兩點比較設計。

（六）蘭州及沙坡頭間水力發電，擬在大峽之西崮口，紅山峽之鴛鴦坡，黑山峽之下口修壩，高自四十公尺至六十公尺，以不致淹沒大盆地爲準。可即詳爲勘測，以資計劃。

（七）上述三壩雖不敷蘭州沙坡頭間全部渠化之用，但峽險已除。如需添建閘壩，再作第二步之規劃。

（八）甘肅多高原，可利用電力以灌溉旱田及台地。此不特爲電力之一大銷路，且爲西北經濟發展之要途。對各高原亦可着手勘測。

（九）寧綏平原，土壤肥美，引水便利，爲邊疆糧庫，改進灌溉，實爲首要。甯夏平原測量竣事，有增加三百萬畝水田之可能，似可從速設計施工。

（十）綏遠地面遼闊，氣候溫和，惟地力未盡，水利未週，待改進之處尙多，計後套及綏東可增加灌溉面積一千萬畝以上。後套地形似可擴大測量組織，同時並謀局部之改進工事，如進水口及退水道等。綏東各地，亦可早謀計劃。

（十一）綏甯一帶地勢平坦，對於航道之改進，及鐵路之興修，可各作計劃，比較其經濟。

（十二）晉陝交界壺口龍門間，以石門附近最宜建築高壩，作多目標之發展，其經濟價値至爲重大。設壩頂高出現水面一百五十公尺，可發電八十萬馬力左右，灌溉渭北，汾河下游及陝北高地，且能節制洪流，便利航運。似可提前舉辦。即將該段上游之航測圖從速完成並作壩址之測量，及地層之鑽探。

（十三）晉豫交界陝縣孟津間攔洪水庫壩址，以河南新安縣之八里胡同爲最佳，此工一成，不只可控制下游流量於一萬秒立方公尺以內，且可附帶發生一百二十萬馬力之電力，故可繼續研究。查孟津垣曲間之地形圖尚屬缺少，應補充之，俾作蓄水庫之設計。八里胡同一帶應作壩址測量，及地質鑽探。

（十四）河南陝縣之三門峽在八里胡同上游，地質情況較差。惟以較低之壩，可發生同一節流作用。故亦可作進一步之研究。先鑽探地層，視其能否修築高壩，設屬可能，再比較二者經濟價值。

（十五）下游之整理，亦極重要，可於河歸故道後，繼續勘查，視其流勢，詳爲規劃。

（十六）晉陝間黃河自壺口上迄托克托河口，可於軍事平靖後，繼續勘查。

（十七）黃流大患，不只在於流大，而且由於沙多。設此問題不得解決，則晉陝及晉豫間之水庫，皆受影響。黃河爲世界含沙最多之河道，然對其情形所知殊鮮。西洋各國對於河道攜沙之研究，雖不乏若干資料，但黃河有其自身之問題。欲根治黃河，必先控制泥沙。設對泥沙在河槽中冲積運行之現象，不能明瞭，則將無法設計節洪水庫，及下游整理工程。故可指派專人，或組織機構，負責研究黃河泥沙現象。（此項工作範圍較廣，非可僅由水文站所能兼辦者。惟水文站含沙量之測量，可作此等研究之一助。）

（十八）黃河泥沙之來源，應亟加控制。其最爲下游患者，可分爲晉陝交界區，經渭區及晉豫交界區。控制之法，要不外對於田畝之善用，農作法之改良，及溝壑灘岸之保護。前二者屬於農業範圍，可提請農林部注意，推行該區等之水土保持事業。後者屬工程範圍，可督導黃河水利委員會積極研究，並從速推廣。（此等工作與前述之研究泥沙現象工作不同，故不爲重複。）

（十九）黃河基本資料最爲缺欠。爲迅速計，可普遍作航空測量。已有航空測量而尚未製圖者，爲晉陝交界之區，其上之幹流，應先着手，次及各大支流，絡及全域。黃河下游，已製就河道地形圖。但故道乾涸已久，此次回復，或改舊觀。且爲研究下游之整理計，並可將淮北及衛南之區域，完全以航空法測之。

（二十）陝縣水文站雖有悠久之歷史，但自抗戰興，僅能作水位之記載。故可充實設備，使成爲現代化之一等水文站。

（廿一）平漢橋附近，可選一較優地點，添設水文站。蓋以陝縣雖有優良之斷面，但居洛沁上游，不能觀測全河流量。如設於中牟及開封一帶，不只河槽難得固定，且因兩堤間蓄水作用，難得精確之成果。

（廿二）貴德，石嘴山，西山嘴，托克托等地，應添設永久水文站。並可充實幹流水文站，增設各大支流水文站。

（廿三）貴德，寧夏，包頭，榆林，韓城，陝縣，等地可添設測候所。

（廿四）邊地生活艱苦技術人才缺乏，似應提高待遇，規定其省親假期，及旅費等辦法，並速謀補充。

（廿五）開發西北，關係國防民生，亟應由國家從速經營，並提倡國內外投資。

附錄

劉德潤

水利委員會黃河治本研究團組織規程

一、本團定名為黃河治本研究團。

二、本團以實地考察搜集資料研究黃河治本問題為宗旨。

三、本團設團長一人，團員六人，由水利委員會聘請水利專家担任，幹事一人由水利委員會調派。團長綜理團務，團員秉承團長之命分司各項工作，幹事承辦事務及會計事宜。

四、本團遇工作上之需要得隨時請求有關機關及地方政府協助之。

五、本團遇必要時得聘請專家參與工作。

六、本團遇必要時得臨時僱用繪圖及抄寫人員。

七、本規程自 奉准之日起實行。

水利委員會黃河治本研究團工作大事記　三十五年六月二十九日至十一月二十四日

六月廿九日　水利委員會薛委員長召集張委員含英暨水委會（以下簡稱本會）高級職員商談組織黃河治本研究團（以下簡稱本團）事宜，並約定張含英爲團長。

七月一日　草擬本團組織規程及預算

七月二日　擬就本團組織，設團長一人，團員四人，幹事一人，並初步擬定攜帶參考資料及應用物品等清單。

七月三日　與本會工務處研究本團組織。

七月四日　與本會會計處研究本團預算。

七月五日　製定本團組織規程及預算，送會審核。

七月六日　本會會務會議，討論本團組織規程及預算，組織方面擴充爲團員六人，預算比例增加。

七月七日　星期日

七月八日　遵照會務會議決議，修正組織，編訂預算，送會，並擬邀本會視察工程師劉德潤，黃河水利委員會工務處處長李賦都，甘肅水利林牧公司總工程師周禮，水利實驗處簡任技正譚葆泰，導淮委員會簡任技正雷鴻基，國立西北工學院教授張遹駿等六人，爲團員，本會技士孫鼎緩爲幹事，經委員長面允後，即分別向各團員及所屬機關接洽借調。

七月九日　張團長含英及在京團員劉德潤雷鴻基譚葆泰等開第一次座談會交換意見。

七月十日　搜集有關黃河資料。

七月十一日　搜集有關黃河資料。

七月十二日　張團長邀集在京團員開第二次座談會，擬定工作大綱及行程草案，本團團長團員奉到本會聘書。

七月十三日　張團長偕同劉團員德潤訪中央地質調查所，資源委員會，國父實業計劃研究會，中央氣象研究所等機關，搜集資料，並探訪意見。

七月十四日　星期日，籌備出發。

七月十五日　籌備出發。

七月十六日　籌備出發。

七月十七日　張團長偕劉團員德潤持薛委員長函，訪中共代表接洽。

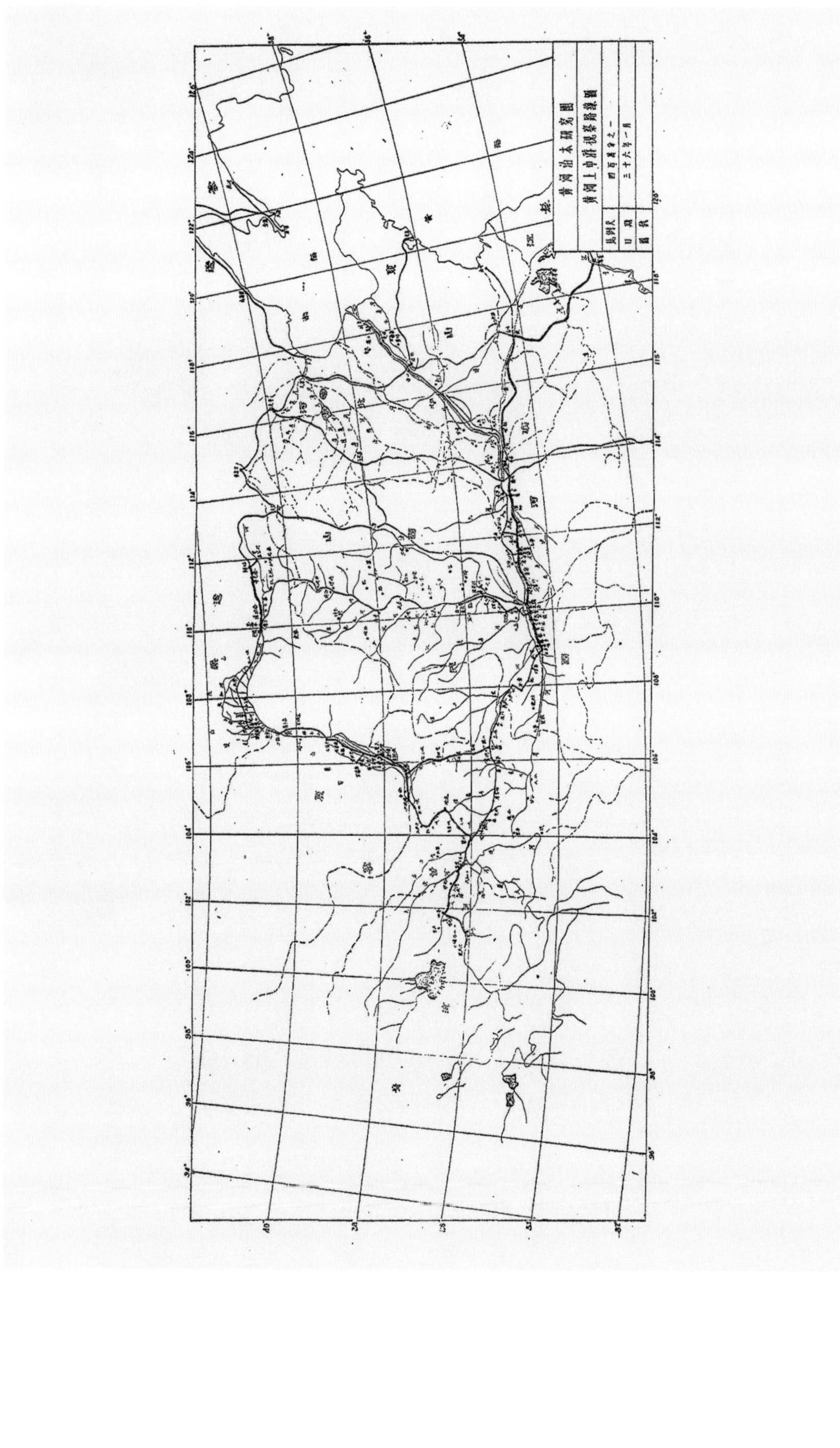
黄河治本研究团
黄河上中游视察路线图
比例尺 四百万分之一
日期 三十六年一月
图号

七月十八日　籌備出發。

七月十九日　分訪導淮委員會，揚子江水利委員會，中央水利實驗處，全國水力發電總處等機關接洽。團員李賦都來京，卽會同最高經濟委員會，公共工程委員會主任委員沈怡商討黃河研究及與美國黃河顧問團聯繫事宜。

七月二十日　薛委員長邀本團在京同人及有關機關首長會談。

七月廿一日　星期日，購備醫藥暨應用物品。

七月廿二日　簽領旅行證，並請分函沿河各省政府及有關機關賜予協助。

七月廿三日　提取旅費，並洽購黃河流域各省地圖。

七月廿四日　本會舉行第一次委員會議張團長以委員資格出席。

七月廿五日　團長張含英及團員劉德潤雷鴻基，幹事孫鼎鈫，由南京出發乘津浦車，晚宿徐州。

七月廿六日　由徐州乘隴海車到開封，團員張適駿及李賦都已先期到汴。

七月廿七日　訪河南省政府黃河水利委員會及其他機關接洽行程，探訪資料。

七月廿八日　星期日。

七月廿九日　在開封，黃河水利委員會紀念週邀請張團長演講，本團開第二次座談會議定工作行程。

七月三十日　在開封搜集資料。

七月卅一日　在開封，研讀報告，並赴豫省府接洽，飭各縣保護事宜。

八月一日　在開封，研讀報告。

八月二日　在開封，假黃河水利委員會開第三次座談會，檢取資料及測量儀器。

八月三日　在開封，搜集資料，並請人抄寫。

八月四日　在開封，星期日，研讀資料。

八月五日　在開封，上午研讀資料，下午招待新聞記者。

八月六日　在開封，赴省政府洽商行程，並赴善後救濟總署河南分署接洽租車事。

八月七日　在開封，研討資料，並承黃河堵口復堤工程局借給大卡車一輛。

八月八日　在開封，研討資料。

八月九日　在開封，研討資料。

八月十日　早由汴乘汽車出發，下午到鄭州花園口，晚汽車始得渡河。
八月十一日　星期日，早參觀花園口口門工程後，乘汽車經鄭州到榮陽，週來雾雨，路途泥濘難行。
八月十二日　乘汽車由榮陽到洛陽。
八月十三日　乘汽車由洛陽到新安。
八月十四日　由新安騎騾馬到八里胡同視察。
八月十五日　繼續在八里胡同視察。
八月十六日　由八里胡同騎騾馬返新安。
八月十七日　由新安乘汽車到陝縣張茅鎮。
八月十八日　星期日，由張茅鎮騎馬到三門峽視察。
八月十九日　上午繼續視察三門峽，下午經會興鎮乘汽車到陝縣。
八月二十日　在陝縣，視察黃河形勢及陝縣水文站。
八月卄一日　由陝縣搭隴海車赴西安。
八月卄二日　到西安。
八月卄三日　在西安，雨，訪陝西省政府及有關機關，接洽行程，並請省政府分電沿河各縣協助保護。
八月卄四日　在西安，應陝西省水利局歡迎茶會，並開第四次座談會檢討視察八里胡同及三門峽經過，並研究視察龍門壺口應有之準備。
八月卄五日　星期日，在西安，大雨，研讀資料。
八月卄六日　在西安，研討資料，並討論龍門三門峽等處築壩問題。
八月卄七日　在西安，研討資料，準備出發。
八月卄八日　由西安乘汽車赴禹門口，雨渡渭河，以車長船小，未克渡過，宿華陰。
八月卄九日　由華陰乘汽車由北楊洪渡渭河晚到郃陽。
八月三十日　由郃陽乘汽車經韓城到禹門口之渚北村。
八月卅一日　視察禹門口龍門及其上游。
九月一日　星期日，由禹門口騎驢赴壺口，且雨且行，晚宿禹門口北六十里之獨泉村。

九月二日　在獨泉村，大雨，請張團員遹駿講地質。

九月三日　由獨泉村騎驢冒雨行七十里，到下峪頭。

九月四日　由下峪頭騎驢行八十里，到蓬壺口附近之桑柘鎮。

九月五日　在桑柘鎮，大雨。

九月六日　在桑柘鎮，大雨。

九月七日　雨止，騎驢赴壺口孟門視察，仍回桑柘鎮。

九月八日　星期日，天又雨，由桑柘鎮騎驢冒雨南行六十里，住官莊。

九月九日　由官莊騎驢到獨泉村。

九月十日　由獨泉村騎驢到洛北村。

九月十一日　在洛北村，終日大雨。

九月十二日　由洛北村徒步視察龍門上游四公里處之石門。

九月十三日　天雨，由洛北村乘汽車冒雨行，住韓城。

九月十四日　由韓城乘汽車到大荔。

九月十五日　星期日，在大荔，終日大雨。

九月十六日　在大荔，終日大雨。

九月十七日　由大荔乘汽車行至朝邑倉頭村，渭河水大，不能渡，住倉頭村。

九月十八日　由倉頭村乘汽車行四里至倉西村，渭河仍不能渡，住倉西村。

九月十九日　上午孫幹事鼎紱渡河探路，下午李團員賦都劉團員德潤渡河探路，並到華陰縣政府請修路。

九月二十日　華陰縣政府派人修路，並由李劉二團員親自督工，汽車勉強過來，晚住華縣。

九月廿一日　由華縣乘汽車到西安。

九月廿二日　星期日，在西安接洽赴西北行程。

九月廿三日　在西安修理汽車，購汽油。

九月廿四日　在西安，中國水利工程學會西安分會，陝西省水利局，西北工學院，陝西省公路局，陝西省政府技術室，黃河上游工程處等六機關開會歡迎本團同仁，並相聚研究黃河治本問題。

九月廿五日 在西安，研討視察禹門口壺口情形，陝西民衆來商組織黃河水利促進會事。

九月廿六日 由西安乘汽車到平涼。

九月廿七日 由平涼乘汽車到定西。

九月廿八日 由定西到蘭州，赴甘肅省政府接洽。

九月廿九日 在蘭州，星期日，準備冬衣。

九月三十日 在蘭州，開第五次座談會，參觀中正山水土保持區。

十月一日 在蘭州，赴青海，寧夏，綏遠等省府駐蘭辦事處接洽並分訪主席行轅，省參議會，市政府，地質調查所，甘肅大學，資委會水力查勘隊，科學教育館，下午約請蘭市各有關技術機關，開第六次座談會。

十月二日 由蘭州乘汽車經享堂到西寧，周團員禮加入工作。

十月三日 在西寧，訪青海省政府及有關機關，參觀塔兒寺。

十月四日 由西寧乘汽車赴貴德，行六十華里改騎馬，晚宿尕讓村師千戶家。

十月五日 由尕讓村騎馬到貴德。

十月六日 星期日，由貴德騎馬往返龍羊峽視察。

十月七日 由貴德騎馬沿黃河視察，並返住尕讓村。

十月八日 汽車勉強開至尕讓村返西寧。

十月九日 在西寧參觀崑崙中學，並訪青新公路工程處。

十月十日 由西寧乘汽車至蘭州。

十月十一日 在蘭州，天雨，交涉皮筏子。

十月十二日 在蘭州，天雨，開第七次座談會，商討視察甘寧段準備工作。

十月十三日 星期日，在蘭州，上午甘肅科學教育館約張團長作公開講演，下午甘肅廣播電台約張團長作廣播講演。

十月十四日 在蘭州，準備皮筏，購辦途中食物。

十月十五日 微雨，由蘭州乘皮筏經小峽行五十公里，至泥灣。

十月十六日 由泥灣乘皮筏經大峽烏金峽行七十五公里至靖遠北灣，參觀靖豐渠工程及放淤工程。

十月十七日 由北灣乘皮筏行三十公里至靖遠，視察靖遠苦水河。

十月十八日　由靖遠乘皮筏行七十五公里至紅山峽中之老龍灣。

十月十九日　由老龍灣乘皮筏行五十公里出紅山峽，至五佛寺，參觀第十公測量隊工作，晚詢鄉民阿拉善旗地情形。

十月二十日　星期日，由五佛寺乘皮筏經黑山峽行一百公里，到下河沿。

十月廿一日　由下河沿乘皮筏，經中衛行六十公里，至中寧境下皮筏，徒步七公里至縣城。

十月廿二日　在中寧，本團汽車由蘭州繞平涼來到。

十月廿三日　由中寧乘汽車經青銅峽視察秦渠，漢渠及水文站，渡黃河至寧夏。

十月廿四日　在寧夏，訪寧夏省政府及有關機關。

十月廿五日　在寧夏，上午黃委會寧夏工程總隊開會歡迎，下午開第八次座談會，檢討視察蘭寧段經過，並研商在寧視察路線。

十月廿六日　在寧夏，乘汽車參觀雲亭惠農漢延大清唐徠諸渠。

十月廿七日　星期日，在寧夏參觀寧夏諸渠道退水工程，及可增灌之田野。

十月廿八日　在寧夏，開第九次座談會，研討寧夏工程總隊計劃。

十月廿九日　由寧夏乘汽車至石嘴山，視察水文站。

十月三十日　在石嘴山，汽車機件壞，修理。

十月卅一日　由石嘴山渡黃河乘汽車，至伊克昭盟之百眼窰。

十一月一日　由百眼窰乘汽車，經巴拉公渡口，過黃河至陝壩。

十一月二日　在陝壩，各界開會歡迎，開第十次座談會，聽取綏遠各界對於綏西水利意見，視察第十四測量隊。

十一月三日　星期日，由陝壩乘汽車東行，視察沿途各渠，住五原。

十一月四日　在五原，上午騎馬視察後套總退水道——烏加河，下午參與五原各界歡迎會，並開第十一次座談會，聽取五原各界對於地方水利意見。

十一月五日　由五原乘汽車經西山嘴參觀烏拉素海及總退水道之尾閭——王六子壕，晚到包頭。

十一月六日　在包頭，上午乘汽車赴民生渠參觀，並研討其失敗之道，下午開第十二次座談會，聽取包頭市各界代表對於水利意見，晚包頭各界開會歡迎。

十一月七日　由包頭乘平綏路火車到歸綏，天雨，訪第十二戰區長官部，綏遠省政府及有關機關。

十一月八日　在歸綏，開第十三次座談會，聽取綏遠各界對於水利意見，綏遠各界舉行晚會歡迎。

十一月九日　在歸綏，乘汽車赴大黑河視察三和，中順，乾通等渠工程。

十一月十日　星期日，由歸綏乘平綏火車到包頭。

十一月十一日　由包頭乘汽車到五原。

十一月十二日　由五原乘汽車到陝壩。

十一月十三日　由陝壩乘汽車到石嘴山。

十一月十四日　由石嘴山乘汽車到寧夏，開第十五次座談會，本團實際考察告一段落，分配編製報告工作。

十一月十五日　由寧夏乘汽車至同心縣。

十一月十六日　由同心縣乘汽車至平涼。

十一月十七日　星期日，由平涼乘汽車至西安。

十一月十八日　在西安，張團長，雷團員晚乘火車離西安赴京。

十一月十九日　李周劉三團員及孫幹事由西安乘汽車東行，晚宿靈寶。

十一月二十日　由靈寶乘汽車至洛陽。

十一月廿一日　由洛陽乘汽車至花園口。

十一月廿二日　視察花園口堵口工程，由花園口乘汽車赴開封，中途車壞，宿距開封六十五里之東漳村。

十一月廿三日　由東漳村乘汽車至開封，張團長雷團員抵京。

十一月廿四日　星期日，周李劉三團員在開封編製報告，孫幹事在開封分還所借各種儀器，檢寄諸團員所需資料。

中華民國三十六年一月

編輯者　黃河治本研究團

發行者　水利委員會
南京國府路東箭道

印刷者　美豐祥印書館
南京林森路一二八號

藝文叢書

黃河水患之控制

張含英著

藝文研究會出版
商務印書館發行

藝文叢書總序

在這個國家民族危急的關頭，我國的人民一般的感覺到我們社會的各方面都需要一番縝密的檢討及精細的研究。我們唯有檢討研究自己才能了解自己唯有了解自己才能尋求出建立自己的目標與方向。同時，現在我國有成仟成萬的國民對於我們國家民族的過去現在與將來發生了無限研究興趣，提出了許多問題來急待解答。然而在敵人的鐵蹄蹂躪之下許多青年卻失掉了求學的地方；幸而未被敵人蹂躪的地方亦因種種關係不能繼續供給青年以求學的機會，而一般的民衆在這時期亦因各種文化機關的停辦或遷移而喪失了他們精神食糧的儲藏所。但是這個際會正是他們需要智識需要精神食糧最強烈的時候。

我們鑒於這個大時代的需要來源的乾枯，決定約請國內的學者專家共同撰著一種叢書每册自三萬至六萬字對於我們國家民族過去及現在各方面的具體問題作一種有系統的研究與分析。這一種叢書所擬研究與分析的問題雖非常之多舉凡有關我們國家民族的問題，也可以說是中國整部文化的各方面，都希望能夠顧到。這種叢書是供給一般青年及民衆閱讀的，希望能夠對於我們國家民族獲到一些基本認識，發現當前社會各方面的複雜性，提出若干具體而急待解決的問題來激起其研究中國企求認識中國的興趣，以期在任何地方執行任何職務，都能隨時隨地檢拾問題而加以研究與分析。

我們的國家民族現在是在建立自己的途程上邁進，在這征途之上有幾個指路的南針：

第一、中國的文化根本上是一部缺少政治色彩的文化，因此要針對着這一方面努力，研究怎樣才能凝結中國的個人及家族單位使其成爲一個有機的團體，怎樣才能在中國樹立眞純的優美的民族主義的根基，怎樣才能使這個民族主義發揮光大，普及於全民族每一個份子的心田裏激動他們的政治興趣與熱力以期中國能在波濤洶湧的世界政海中屹然生存保持着自由平等的獨立的地位。

第二、在建立現代國家的時候，政治制度方面所需要的是怎樣才能使一般人民與國家政府結成一氣，共同奮鬪國家離開了人民便無以生存，人民失卻了國家也不能生存。達到這個上下聯繫的方法只有實行民主政治。在各種政治典型之中唯有民主政治才能適合我國當前的需要，我們唯有走民主政治的路線才能夠救亡圖存。但是我們卻並不要求一步登天跳到普及民主政治的終極，因爲這是事實所絕不容許的。我們只要認準了目標而一步一步地踏穩住脚向前走去。民主政治的建立不是一朝一夕可以完成的，徒有其表而乏其質的民主政治是虛僞愚昧的政治，絕對不能擔當建國的重任。同時，所謂民主政治也不是西方十九世紀與放任主義解成一氣的民主政治。人民固然需要自由，但要清晰了解自由的眞諦，要的是有組織的自由，自由不容流爲放縱而中傷了政府的效率。篤愛自由過甚的人往往流爲無政府主義者，但無論何人現在都不能贊成無政府主義，無政府狀態之存在是對於敵國外患最有利的條件。

第三、政治建設的基礎是經濟社會的確定，而經濟建設的南針是工業制度的形成。在一個尙在農業及手工業時代經濟基礎尙相當於歐西中古時代的社會裏，侈談爭辯西方的工業管制的各種主義是倒果爲因的現象。爲充裕我們國家民族的民生，爲鞏固我們國家民族在世界上的地位，工業制度的急速確立是必要的條件。唯有一個工業化的國家才能在現代的世界上生存，唯有一個工業化的國家才能使其人民的生活優美繁榮。我們現在要具備工業國家所產生的武備來抵禦外侮，我們卻同時缺乏製造這種武備的工具及購買這種武備的資財。在這個畸形的狀況下，一般的人民自然是呻吟於租稅負擔的重壓之下。然而爲保護人民不受外強的殘殺蹂躪，政府又不得不徵收重稅來置備必要的現代武備。這是一個最尖銳的矛盾，其唯一的出路自在充裕民生以增加政府的收入，而充裕民生的不二法門，卽在盡量利用天賦給中國的寶藏。

第四、工業文明與現代科學是相輔而發展的：自然科學建立了工業的基礎，工業的發展又促成了科學的進步。中國的工業制度要在最近期內樹立起來，科學的提倡是必須同時兼顧的。現在科學的主要點在其方法與精神，這種方法與精神不只限於學術與技藝的研究，而在其應付一切事理的基本態度，不只在對付自然，并且在對付人類的社會。一個具備科學精神的人，對於一切問題簡潔地講來是不迷信任何沒有根據的符咒。我們不必諱言，中國現在是一個百孔千瘡的國家；對於這個病人，我們卻不是在尋求一劑百病皆醫的仙丹靈藥；開這種藥方的人，無論中外，已經太多了，而中國的症戾依然。據社會人類學家的研究，尋求百病皆醫的仙丹靈藥來醫治一個人的身體或一個社會的弊端，是野蠻的初民的社會的辦法，具有最粗淺理性的個人及最簡單文化的社會都會了解這是絕不可能的幻想。這是科學的精神：這裏沒有符咒，沒有迷信。

本着這四種認識，我們敦請各位專家爲本叢書撰著。這種叢書是用深入淺出，簡賅而深切的方法來研究中國問題的。各位撰著者都是對於各個問題有湛深研究的人，但他們卻不是眼光狹隘，西洋人所謂「只見樹木不見森林的專家。」在分析解剖他們個別的問題之時，并不是只看見眼前的一個角落；在他們的腦海中飄浮着一幅整個中華國家民族的圖畫，以這整幅的圖畫爲背景，描繪他們所擔任的一草一石。這裏沒有絲毫的成見，一切的意見都是從客觀的科學的分析研究出來的。

同時這一套叢書不只是供戰爭期間的需要；我們很奢的期望，在這次戰爭結束以後，在我們國家走上建國途程的時期，仍，然能夠陸續地一冊一冊的刊出源源不絕的供給我國的青年與民衆以這種的讀物。我們不能以整套叢書的目錄奉告讀者也就是因爲這個原因。

我們感謝各位作者的熱忱使這種叢書成功。我們十分歡迎讀者盡量的批評，就是最不客氣的批評亦當虛懷接受。同時我們更希望讀者能與我們通訊，作任何方面的指示與建議。我們是以這種坦白眞誠的態度擺在讀者前面的，企盼讀者也能以這同樣的態度來教正我們。

陳之邁
吳景超
陶希聖　編者謹識（二十七年三月漢口）

序

黃河爲我國之大患，粤稽上古，微特無患，原野沃饒，丕生蒸民，乃華裔肇端繁衍之區焉，文化發軔之所焉。奈何今昔之間，利害遽相反如是耶？且治河代有官司，歲糜鉅帑，往往窮國力以赴，而河患終莫能靖，豈河之果不可治歟？河流之情形改變歟？抑人力之有所未盡歟？

夫河自武陟而東，即無支流來注。惟以泥沙淤積，河身高仰，水行地上，乃成爲白河及淮河兩水系之分水脊焉。設有潰決，則勢如建瓴，北侵津、沽，南奪淮、泗，受災面積可達二十五萬平方公里，其間居民且六千萬。平均計之，三代而後，河每二年必爲一患，其影響於國計民生者爲何如耶？

際茲建國復興時期，水利之興廢，有關民族之存亡，則此悠久之河患，顧可不亟思所以補救之方，而爲興利除害之舉。故本書於控制河患之理論及其方法，率憑愚見，裒錄成編，以就正鴻達，俾進而爲實施之圖焉。

本書首述「黃河流域之今昔」，藉明治導之重要，以其爲我國經濟文化之所繫也。次論「禍源概述」所以總敍爲患之因而爲各節之引論也。次論「河道」、「地形與黄土」暨「氣候」，所以明自然之環境亦卽影響水患之間接因素也。次論「水流」與「泥沙」所以明水患之直接原因，而思所以控制之道也。次論「河槽之變動」，所以明河道之特性，與爲患之實況也。次論「過去治導之理論及方法」與「防洪設施之現況」所以述往昔治河方策之演變與其背景，兼及現在之設施也。更論「今後治河之途徑」所以論過去治河之得失，與今後應有之改進也。復論「下游之治理」與「上游之治理」，所以明治河之方法也。末述「治河之準備」，所以明治理之步驟也。都凡十四節。

治河原爲專門技術，但本書爲一般社會人士之關心河事者而作。故設辭力避專門術語之引用，暨高深學理之探究，略就實際情況及經歷所得，非簡明之陳述，俾引起一般治河之志趣而爲進一步之探討，則幸甚矣。

本書亦可作研究治河之發凡。我國河籍雖多，非失之空洞，卽詞旨晦澀，兼以卷册浩繁，未足爲初學之津梁；而新出論文又多局部之探討，鮮有系統之研究。故特不憚辭費，編爲此書，俾閲之者得一梗概，則於治河當不無小補焉。

雖以限於篇幅，詞旨力求簡賅，然所論皆十餘年研究所得之總彙也。大部資料，採自作者所出版之書籍及論著，若：

治河論叢（商務印書館印行二五〇頁）。

黃河志水文工程篇（商務印書館印行五四二頁）。

黃河流域之土壤及其沖刷（水利月刊第六卷一期）。

黃河問題（中國水利問題第三章商務印書館發行）。

而取材於黃河水利委員會之黃河概況及治本探討與各年水文記載者亦多。其第三節「河道」一則多採自李儀祉先生之西北水利問題（中國水利問題；）第四節「地形與黃土」中之地形，則係依據侯德封先生之黃河志地質概述篇；第五節「氣候」一則摘錄胡煥庸先生之黃河志氣象篇，是應特為提出誌謝者。旅居渝城，各參考書籍既難搜集，而所作未刊之黃河文稿，又復遭散失，挂一漏萬，知所不免，容他日再為補充之。

黄河水患之控制

中華民國二十七年七月抗戰建國紀念日菏澤張含英記於重慶。

目錄

黃河水患之控制

一　黃河流域之今昔

黃河源出青海，奔流萬山之中；入寧夏，至中衛，始漸寬放；流經寧、綏，沖積平原，至托克托而南；復入谷中，抵潼關，折而東流，出三門，經垣曲，又漸開展；孟津而下，則爲豫、冀沖積大平原矣。寧綏水利，起秦、漢，盛於唐、明。迄今舊規不改，歲修弗替。惟孟津而下，則水患頻仍，殆與歷史以俱來也。

自神禹導河以迄今，黃河之決口改流者，凡一千五百六十次。縱横於豫、冀、魯、蘇大平原中，而大徙[illegible]害，雖不可詳考，然以民國二十二年決口計之，直接之損失，已達三萬萬元之巨，此即[illegible]「中國之大患」也(China's Sorrow)。然黃河流域爲我中華民族發祥之地，且爲政治文化之中心，三代兩漢之世可稱極盛，未聞以水患而阻止民族之繁興。惟其後則以天然之變遷，及人口之遷移，黃河流域遂無當日之盛況矣。

夫文化政治之基礎，在於經濟建設，而經濟建設之依據，則爲天然資源。若加以分析比較，則今昔之情況可以瞭然。

黃河下游，昔日湖澤甚多。在河南中部有滎澤，其東有圃田，開封之北有逢澤，商邱之北有孟諸，山東西部有菏澤、雷夏、大野，河北南部有大陸，至於鴻溝流域水澤尤富。兩漢而後日漸湮塞，迄明季而大部就沒。職方所記之浸藪，如菑、時（幽）、沂、沭（青）、渭、洛（雍）、汾、潞（冀）、盧、維（兗）、波、溠（豫）等，今祇餘川流，亦可見古時浸藪之多矣。

湖澤之分佈與氣候及物產有關。湖澤多則空氣中之水分足，氣候得以調節。且其中生產繁殖，故多設專職掌之，若川衡、澤虞、遂人、稻人等是也。其後則以黃河變遷，淤澱湖澤，遂逐漸堙沒。昔日山東運河八湖，乃濟運之水櫃也，今已以連年決口淤塞，僅微山、南陽尚存，豈非明證？如是則水分日少，不特無湖澤之生產，抑且蒙乾旱之菑害。

黃河流域之土壤，古今亦略有不同。一由於上游森林之過度砍伐，表土因爲雨水所沖刷，再由下游河道之變遷，砂鹼之田地遂以充斥。

雍州古稱天府，「厥土惟黃壤，厥田惟上上」，秦、漢皆資以統一中國。其後關中糧食漸感不足，漕餉仰給東南。隋、唐以前，陝、甘多林木，如秦風：「在其板屋；」漢志：「秦氏富饒，天水、隴西山多林木，民以板爲室屋」。又云：「有鄠、杜竹林，南山檀、柘，號稱陸海，爲九州膏腴。」有森林則能節蓄水分，潤澤田禾，保護土壤，免致沖刷。惟其後以濫事砍伐，地面暴露，遂致肥美表土，隨雨水巡流入河。乃更於林木伐後，對於墾殖漫無限制，不論陡坡山陵，咸事耕犂，以致表土疏鬆，益助沖刷之進行。日久遂致地薄土瘠，不利農事矣。

徐、兗古爲墳土，乃由黃河淤積而成。惟淤土之肥瘠，則因水流之緩急而定。故有：「緊砂、慢淤、清水鹼」之稱，蓋以河於溢決之後，隨地漫流，其水流較急之處，所攜之粗粒泥沙先行沉澱，水落之後，即成砂田；流緩之處，則繼以細粒泥沙之沉澱，可變爲膏腴之地；若河水停積，因水中微含鹵質，則水涸之後，地即變鹼。黃河之遷徙既無常，是以下游大平原之土壤，亦常在變易之中。宋史地志載：「大名、澶淵、安陽、臨洛、汲郡之地，頗雜斥鹵。」以其地卽宋代河道屢徙之區也。

上古之運輸，以黃河爲總幹線。禹貢載之綦詳。迄於有宋，帝都多在黃河左右，實以水運便利之故。及明建都燕京，則交通以運河爲主，大河爲輔。蓋以經濟之重心莫不視交通而轉移。其後海運大開，輪船之構造日精，於是經濟之發展，又以能否容巨輪之停泊而定矣。黃河不便深水航行，於是此四千年交通要道，廢棄不用，欲不衰頹，其可得乎？

尤有進者，黃河之遷徙靡定，土地之肥瘠屢易，房產之漂沒時聞，人民苦難安居樂業。在昔以人口稀少，尚可捨瘠就肥，擇地而處，其後自不可得。舊五代史莊宗本紀載：「同光三年，兩河大水，戶口流亡者十四五。」是故若謂黃河驅逐民衆之南移，不亦宜乎？

總之，黃河流域之所以昔盛而今衰者，一由於土壤之變瘠，澤藪之減少，再由於黃河之運輸，不適於今日，與夫河道之屢變，影響於人民之安居。中華民族初以利水草之豐美，土地之肥沃，選居於斯，今則以黃河之禍患未除，水利未興，相率遠離矣。

故欲復興黃河流域之經濟建設，首當治理黃河。黃河治，則人民得以安居，而後水利可興，農產以增商運便利文化經濟，自可蒸蒸日上。次當開採礦產。昔日採冶之術不精，故僅藉地面富源以爲生活，如土壤不肥，則困窮隨之。今者地下之寶藏，可以開發，土地之貧瘠者，得有調劑矣。黃河流域礦產特豐，舉凡煤、鐵、金、銅、鉛、錫、錳、石油等，莫不蘊藏，尤以煤礦，可佔全國煤藏總量百分之八十七強（二一四、二一一二百萬噸。）此實天然賜予，復興黃河流域之資源也。

復興黃河流域，雖經緯萬端，治河與採礦二者，要爲根本之圖，而尤以治河爲當務之急。若能努力以赴之，黽勉以求之，則三代兩漢之盛，不難重見於今日也。

二　黃河禍源概述

欲研究治河之策，應先明禍患之源。欲明禍患之源，當先考大平原之所由成。

按諸地質通論，河流之冲積，爲地形變化主要原因之一。高原土壤，山嶺巖石，風化之後，經雨水冲刷，奔注於河，順流而下，迨至流速稍緩，因以沉澱，逐年淤積，歷時旣久，而平原成矣。

考諸地史，我國北部之黃土層，乃由風積，覆蓋於甘、陝、晉、豫各省，面積約爲十八萬方公里，當全河流域面積四分之一。其質極細，易爲河水冲刷。故黃河攜帶巨量泥沙，隨以俱下，沉澱下游。以陝縣而論，水中最高之含沙量，按重量計算，可至百分之四十，全年平均計之，亦有百分之三。故攜沙總量，每年可達十四萬萬立方公尺之巨。（所謂攜沙總量者，卽全年經過陝縣下流之泥沙總量，其間包括長距及短距運輸，至其對下游淤積之影響，詳第七節。）以現在情況估之，二萬年後，上游之黃土，可盡被冲去。是故下游大平原之構造，乃黃河搬運泥沙之偉績，凡有黃土淤積之處，莫不曾經黃流所波及，亦卽爲黃河之領土。明乎此，則黃河所以爲下游患者，可以知矣。

迨夫下游之人煙稠密，河水漫流，輒足爲害，卽思防制之策。爲固定河槽，約束水流計，乃修隄防。然河槽淤澱，水行地上，遇有決溢卽成大患。故居今而言水患者，卽漫隄、潰決之謂也。

黃河爲患之原因，關係天然者有二：卽洪流之來去馳驟與攜帶之泥沙過多也。

吾人觀測河之流量，皆以每一秒鐘若干立方公尺計之。設於陝縣北門外之黃河測量流量，欲表示其多寡，卽以每一秒鐘經過該處流水之體積計算。流量隨水之漲落時有變動，故又須常施測之。含沙量者，表示流水中所含泥沙之多寡，以流量之分數計之。設普通每百斤重之河水中（水泥總計）含沙二斤，則稱含沙量爲百分之二，餘以類推。

黃河流量最低時，恆爲十二月及一月，間或亦在五月。一月而後水漲爲凌汛，桃汛繼之。遇汛卽漲，汛後卽落。至五月則又降落，最低時幾與冬月等。六月而後，水復漲發，及八九月而達於洪水之最高峯。然其間升降極不規則，宛如奇峯突峙，忽起忽落。而黃河河槽，又復淤刷不一。水落之後，流以漸緩，河槽內則逐漸爲泥沙所淤墊；大水一至，則又行刷深。故河底之刷淤，在短期內有相差六公尺者。河槽既深，則容量亦增，設洪水之來勢稍緩，河槽有刷深餘地，而防護復可從容籌備，危險自可減少。

如其來勢甚驟，河槽無刷深之機會，猝不及防，則漫灘薄隄，難免於患矣。黄河之大患卽在於此。試舉民國二十二年大水爲例。八月八日，河水猛漲，陝縣流量於一日之間自五千增至一萬五千秒立方公尺，九日夜子時續漲至二萬三千秒立方公尺；十日漸落，十一日落至一萬，至十四日又落至五千秒立方公尺。以二日之間自五千增至二萬三千秒立方公尺，又於四日之內仍降至原數。水勢旣如是之驟，故二十二年決口五十餘處。洪水來後，河槽旣已刷深，及其一去，水面驟降，仍有冲決之虞，是以有「危險在落水」之諺語。蓋以大水之時，洪流刷槽，兼淘隄根，未及搶護，（護根石皆於大水時下拋，水小時拋之無用。）洪去水落，繼以正溜頂衝，嚙隄蝕岸，故其危險，不下大水時也。洪流旣去，槽復淤澱，淤而未刷，大水又來，汛復一汛，年復一年，如斯循環，故河患無已時也。

黄河含沙量之多，前已言之。河自孟津而東，地勢平坦，流亦寬漫，於是所攜之泥沙，逐漸澱於兩隄之間，河身旣高，隄亦隨之，以致河行地上。故隄雖年年加高培厚，河亦隨之日增月漲，仍不免於漫溢之厄。水一出隄，卽難收拾，欲使復歸故槽，每非易事也。

其關於人事者，亦約有二因：一受政治之影響，一以技術之未當。

一朝之盛衰，類可以水利水患之情形卜之。昌明之時，國富民足，諸業講求，日有進步，則水利可興，而禍患自除。惟多難之世，則必有河水決溢之厄。蓋以人事不和，則私慾橫流，各利其私，互相爭奪，民生凋敝，救死不暇，天災之來，既未能防患於無形，更無力拯救於當時，及其潰決，只有聽諸天命，任其橫流。故曰天災由於人禍，實以人和則天災容或可免，和氣致祥，乖氣致戾，古有明訓。是故政治與水患，有極密切之關係。黃河六次大變遷，是其患之最烈者，茲姑述其歷史之背景，以實吾言，其他可以類推：

河道初徙於西元前六〇二年（周定王五年）時在周室東遷之後，諸侯稱強，作隄自利，以鄰爲壑。

河道再徙於西元一一年（王莽始建國三年）時在王莽篡漢後三年，天下大亂。

河道三徙於西元一〇四八年（宋仁宗慶歷八年）時在宋室衰微，外有契丹之患，內有夏王之變。

河道四徙於西元一一九四年（南宋光宗紹熙五年）時金、宋相爭，利河爲險，互作攻守之具。

河道五徙於西元一四九四年（明孝宗宏治七年），三百年間治理不得其道，至劉大夏始築大行隄使水南流。

河道六徙於西元一八八五年（清咸豐五年），適值洪、楊之變。

至關於技術問題及治導方策，各家之意見每難一致，容再詳論之。惟潰決之患由於工作未當，防護不周者，歷史固不一其例也。

本節對黃河爲患之原因，僅爲概括之敍述，俾讀者先得一概念。以次各節，則作進一步之探討，兼及防患之方策，興利之途徑焉。

三　河道

黃河源於青海之巴顏喀喇山噶達素齊老峯，拔海四、五五〇公尺。下行約一百五十餘公里，容納支流匯於星宿海，元史所謂火敦腦兒也。更下行注查陵及鄂陵二海，約二百餘公里出海東北流，拔海四、一二〇公尺，左右納六小支流，約六十又經一千一百公里而入貴德，拔海二、四四〇公尺。（參閱附圖一・二・三）

貴德縣以西之黃河，名曰馬楚。流繞積石山（又稱大雪山）三面如玦。此段左岸支流特多，河床寬衍，水勢汪洋，且多跌水，兼富泉源，各川之谷，林木尤盛。至青海山（日月山）之南麓，復經一峽，河寬僅九十至一百公尺。出此峽則河谷寬放至五公里，亦漸有沃土。自漢時拓地，置金城郡，屯兵務墾，游牧之民，漸爲農代。厥後其地得失不常，未遑靖綏，至清初奠定其地，農業雖復繼興，然引黃河之水灌田，尚非所能，惟兩岸支流，則頗饒灌溉之利。

河自貴德經小積石山南，凡一百五十公里而至永靖縣，納大夏河，又東行二十公里，而達洮河，口納洮河。又東行三十公里，至達家川，納大通河。大通河與湟河會流於民和縣，至達家川而注入黃河。又約四十公里而至皋蘭，拔海一、五六〇公尺。以上之流域面積爲二一六、一八〇平方公里。

大夏河灌溉之利甚溥，惟入河處爲深峽。洮河於臨洮縣之右岸紅土盆地寬數公里，水利亦饒。大通河谷深而狹，有灌溉之利者僅亹源一縣。湟水之谷則大異，灌溉甚盛。二水會合後，亦饒水利。湟水之谷爲漢湟中屯墾地，其灌溉歷史由來已久。大通河口至皋蘭，則多用水車以灌台田。

黃河經皋蘭北門外，河面寬千餘公尺，有鐵橋長三百公尺，跨之以通車馬。其下十五公里，即入桑園子峽，河流東北向至泥灣而一放，至條城舖及淺灘舖而再放三放。深狹之處，不見天日，飛湍轉石，筏行稱險。條城舖而下，始通木船。北岸逾峻嶺則爲砂磧，南岸過重山始爲黃土。至靖遠則河谷又寬，灌溉可施。祖厲河於此入河。靖遠之下，復行峽中，有一窩石之險。復北出長城，經五佛寺，大廟稍有灌溉，復於張家堡入長城而達中衞，拔海一、二一五公尺。皋蘭至此凡二八五公里。

河至中衞漸放，中經青桐山峽，乃至寧夏大平原。河谷由是寬縱，河自南而北，兩岸廣四五十里。北經平羅，西依賀蘭山，至石嘴子。其下河僅寬三百四十餘公尺，兩岸高十公尺，以至磴口，拔海一、一二一公尺，距中衛二五〇公里。

青桐峽至平羅間縱一百五十公里，自漢、唐以來水利稱盛。但灌溉區域之外，則爲沙磧斥鹵不毛之地。石嘴子及磴口間並無耕植。

河出磴口又東行，驟寬至數公里。北依陰山有烏迦河繞之爲後套。南岸則爲鄂爾多斯平沙無垠。至包頭拔海一、〇二〇公尺。磴口至此爲三六〇公里。以上之流域面積爲三九四、七八〇平方公里。

後套開渠灌田，縱可二百公里，廣可八十公里，各渠開口於黃河北岸，終於烏迦河，匯於烏梁素海，而通於河。包頭之三湖河，亦有灌溉之利。寧夏至此，可通木船。

河由包頭經薩拉齊至托克托之河口鎮凡一一八公里，拔海降至九八六公尺。由此復入山峽，折而南流。容納山、陝各水。河在此段中寬不過四百公尺，岸高谷狹，水深流急。至磧口鎮寬僅二百公尺，東岸稍有黃土階地。吳堡之南河谷又由六百公尺漸狹至二百公尺。延水關至馬頭關拔海五百餘公尺爲石峽，廣三百公尺，兩岸壁立。馬頭關至龍王辿兩岸峭壁高達四百公尺。河水至是爲九公尺之跌水，是爲壺口。水流之速，在跌水之上每秒已達三至五公尺。傾注於寬六百至七百公尺之谷中。繼此則入寬僅二十公尺，長約五公里之深溝。出溝則河床稍寬，約二百公尺，且中有一洲。及納宜川諸水，又寬至四百公尺。其下過施家灘，而以每秒三·三公尺之流速出禹門口。其寬不過五〇公尺，拔海四一五公尺。傳河口鎮凡四一〇公里。出此口則兩岸開張，寬二十餘公里，爲汾、渭之郊矣。

自包頭至禹門口，雖勉可行舟，然自平綏路通後，舟行幾絶。

河經河津，納汾水，至潼關，納渭、涇、北洛各水，及其他支流。潼關河水拔海三二〇公尺，距禹門口二〇〇公里。以上流域面積爲七一二、五八八平方公里。

汾、涇、渭、北洛皆有灌溉之利。禹門至潼關，舟運尚盛。

河自潼關折而東流，經陝縣、垣曲以至孟津，約二百五十公里，行於兩山之間，北岸爲中條山，南岸爲華山、乾山、邙山，河面寬六百五十至千餘公尺。中有盤頭之湍，閿鄉之淺，三門之險，行舟不易。

孟津而東，即漸入平原，至鞏縣，右納伊、洛合流，繼納汜水，武陟左納沁水，各支流中亦饒灌溉之利，凡一〇〇公里，而至平漢鐵橋。低水時，水面拔海九五公尺。以上流域面積爲七五六、六八四平方自平漢鐵橋而東，盡爲平原，黄河數千年以來之遷徙，多在於是。今道東經中牟、開封，至蘭封之銅瓦廂北折，入冀，東北流入魯，經荷澤、濟南，至利津入海，長七二五公里，鮮有支流。

河之南北，除濟南以西之南岸一段外，皆有隄防。南大隄起自平漢橋東苦河口右岸，經滎澤、鄭縣、中牟、開封、陳留、蘭封、考城、東明、荷澤、濮縣、鄆城、壽張（壽張縣十里舖以東經東平、東阿、平陰、肥城、長清、至齊河之宋家橋無隄，惟間有民埝）齊河、歷城（濟南）、章邱、齊東、青城、濱縣、蒲台等縣境，至利津東之寧海鎮止，共長五七〇公里。北大隄起於孟縣西南之曹坡村，經温縣、武陟、廣武、原武、陽武、封邱、開封、蘭封（自蘭封西壩頭至長垣大車集間無大隄）長垣、滑縣、濮陽、濮縣、范縣、壽張、陽穀、東阿、平陰、肥城、長清、齊河、歷城、濟陽、惠民、濱縣等縣境，至利津東之鹽窩止，共長六八〇公里。此僅就河防最外線之大隄而言，若民埝格隄，所不計也。山東省之隄系極爲複雜，蓋自咸豐五年決口而後，二十年間樞府對於南流北流未有議定，故人民相率築埝以自守，以故隄極紊亂。河自入魯境起，南岸至壽張之十里舖，北岸至壽張之西影塘，皆有連續之民埝，高大幾無異於大隄也。

隄之高寬不等大體言之皆在二十二年洪水位一公尺以上，頂寬自七公尺至二十公尺。兩岸大隄間相距亦寬狹不一，在豫省者較寬，至冀則成瓶口形入魯而狹（此就魯省民埝間之距離言）歷城而東則益狹。如廣武、中牟一帶相距乃至二十二公里，長垣、考城一帶亦相若，至范縣、鄆城民埝間僅距七公里（大隄則相距三十六公里，）至歷城大隄距約一公里，章邱之胡家岸尚不及一公里，蒲台、利津一帶則在一公里半與二公里間。

下游河水之面皆高於隄外背河之地，洪水時，約高出三公尺至七公尺不等。距隄愈遠，其地愈下，平均言之，成五千分一之比降。故河身即變成河北水系及淮河水系之分水脊也。

河之比降，即河沿水流方向，逐漸降落之程度，或以百分比稱之，或以每若干尺降若干表之，或以距離除降落差之商數表之，自此可見水流之緩急。茲就黃河上下游之平均比降估定如次：

河源至鄂陵海出口………………○·○○一二○；

鄂陵海出口至貴德………………○·○○一五三；

貴德至皋蘭………………○·○○三六六；

皋蘭至中衛……………………○·○○一二一；
中衛至磴口……………………○·○○○三七六；
磴口至包頭……………………○·○○○二八○；
包頭至托克托…………………○·○○○二八八；
托克托至禹門口………………○·○○一四八；
禹門口至潼關…………………○·○○○四七五；
潼關至陝州……………………○·○○○四一六；
陝州至鞏縣……………………○·○○○八○○；
鞏縣至平漢鐵橋（武陟）……○·○○○二六五；
平漢鐵橋至濮縣………………○·○○○一六○；
濮縣至十里舖（壽張）………○·○○○一三五；
十里舖至海……………………○·○○○一一○。

黃河幹流長四千六百公里（八千一百里），流域七十五萬六千餘平方公里，經流地帶在北緯三十四及四十二度間，東經九十六及一百十一度間，爲我國第二大川，世界第七大河。平漢鐵橋（武陟）以東即無支流來會。

包頭以上約佔全流域面積百分之五十四，潼關以上之本支流面積則幾佔百分之九十四也。

其支流之大者若青海南之呼裕云河，大夏河長二百五十公里，納大小水八，至永靖入河；洮河長四百七十公里，納大小水二十餘，流域面積二九、二〇〇平方公里；大通河長五百公里，湟水長三百公里，流域面積共二九、三二〇平方公里，會合自達家川入河；祖厲河流域面積一〇、〇〇〇平方公里，自靖遠入河；清水河流域面積一四、六〇〇平方公里，自中衛以東入河；大黑河流域面積一二、〇八〇平方公里，自托克托入河；山陝谷中支流甚多，其大者若無定河，流域面積二三、一五二平方公里，神木河流域面積九、〇五二平方公里，延水流域面積七、一六〇平方公里；汾河流長四百四十公里，流域面積四〇、二六〇平方公里，自河津入河；北洛河流長四百五十公里，流域面積二七、〇二〇平方公里，於朝邑趙渡鎮入河；渭河流域面積一一五、一五〇平方公里，會大小諸水四十餘，其大者爲涇水流域面積五六、九三〇平方公里，於潼關入河；洛水受伊、瀍、澗諸水，流域面積一七、九八八平方公里，自鞏縣入河；沁水流域面積一〇、五〇〇平方公里，自武陟入河；其他各小川不備述。

四　地形與黃土

黃河流域北鄰蒙古高原，以陰山山脈分界，南依秦嶺，以與長江、淮水分流。其間地面遼闊，形勢嬗變，繁雜錯綜，茲就其有重要差别者言之。

地質家所稱之秦嶺乃就廣義而言，西起青海南部之西傾山，岷山，東延入甘肅爲崆峒山、大散山、嶓冢山、六盤山，皆走向東西，山峯在三千公尺以上。入陝西在鳳縣附近曰鳳嶺，有三脈，北曰南岐山，坡陡峭爲棧道，中曰鳳嶺，南有紫柏山，亦皆東西走向，爲石灰巖所成，高各二千餘公尺。東至郿縣爲太白山，峯巒層疊，高達四千公尺，常有積雪。長安之南曰終南山。西自盩厔東至雒南、商縣爲秦嶺主幹，走向東西，在華陰之南曰華山，峯高二千二百公尺，爲花崗巖所成。東接崤、函，西止藍、商，實秦嶺之北支。東入河南盤踞省之西部，其向大致仍爲東西。北支爲崤山，中爲熊耳，南支爲伏牛。嵩山乃熊耳之一脈，高一千五百公尺。

陰山山脈，則包括祁連山系，若祁連山、青石嶺、日月山、拉脊山等皆屬之，走向北北東南南西，峯巒連亙，其山脊爲蒙古與黃河之分水界。青海南山高可達五千公尺。東北入寧夏爲賀蘭山。平羅北之汝箕溝嶺高二千一百五十公尺，最高峯拔海三千公尺。至磴口山勢稍殺，至綏遠之臨河境山勢又峻，東折沿河套以北與蒙古沙漠爲界，是爲狼山，峯高逾二千公尺。安北與黃河之間有烏拉山，包頭薩拉齊之北爲大青山，嶺峯在二千公尺以上。北與蒙古高原相連，南爲黃河平谷。綏遠各山皆走向東西，東入察、熱境。山西境內之恆山、五台山、呂梁山及太行山，亦多有列入陰山山脈者。

青海山地包括祁連山系以南，西傾山及岷山之西，山勢聳起，古石嶙峋，谷底拔海二千公尺以上，如積石山及巴顏喀喇山，山嶺逾五千公尺，雪峯比櫛，重嶺層巒，爲黃河始源之地。

綏寧高原在綏遠西南部狼山及大青山以南，包括後套及鄂爾多斯，寧夏賀蘭山以東之地，區內大體平坦，高度在一千至一千三百公尺間。惟磴口及石嘴子間，黃河東岸孤嶺突起，爲古生代地層組成，高達二千公尺。綏遠後套及寧夏東部爲黃河沖積平原。鄂爾多斯爲沙漠區，形如盆地。

陝甘高原之範圍，大致東自黃河東岸，南起秦嶺北麓，北鄰鄂爾多斯，西至甘肅之靖遠、臯蘭、隴西一帶，凡包括關中、陝北、隴東、隴西等部。在此域內之地形，爲一平頂高原，其高度在陝北者拔海一千公尺左右，在甘肅者可達一千五百公尺以上。盡爲新生代地層所覆，故名之爲高原。惟爲河水侵蝕，致多錯綜之狹溝立谷，而地形亦因以參差。其中惟一平谷，卽爲渭河。六盤山突出於秦、隴之間，高達三千公尺有奇。

山西臺地東南起自太行山，地勢突聳，西至黄河，北連綏、察一部，全區高度拔海四百公尺。較之拔海一百公尺以下之華北平原，實一界線淸晰之臺地也。以地質構造論，則本區爲一盆地。臺地中間爲南北延長之寬谷，汾水經之，東界太行山，接中條山，爲南界嶺峯，皆高在一千五百至二千公尺間。汾水以西與黄河間，起爲呂梁山，南北延長，高二千餘公尺。五台山高聳晉北，拔海三千公尺有奇，爲臺地中之最高峯。中部有霍山孤立，高亦在二千公尺以上。

豫、冀平原或稱爲黄河沖積平原，其界大致北抵燕山，西止太行，南達豫東、魯西，與淮河平原相接。此平原之高度在拔海一百公尺以内，而全面積十之九均在五十公尺以下，爲黄河沖積而成。黄河以北之水，則成河北水系，自天津入海。黄河以南之水，皆爲淮河上游。故黄河不惟無以匯集平原之水，反爲河北水系及淮河水系之分水嶺，水患之興，蓋由是也。

山東丘陵地位於黃河新舊河道之間，西起運河，東盡山東半島，其中山峯雜出高者在一千五百公尺以上，多由地層斷落而成。峯巖雖甚陡峭，而山峯之間，常界以平原寬谷，寬谷之面積甚大，多拔海二百公尺以下。故山東丘陵地與豫、冀之平原固不易混，卽與地高山稠之高原亦迥不同。

地殼之成，經悠久之歷史，劇烈之變動。黃河流域於未形成今日之前，其突起沉淪者，已不知若干次也。於古生代石炭紀我國北部成陸地後，地質之基礎以成。至中生代東南復起傾陷之象，迨至新生代，於舟山羣島向山東省東部，以迄遼東半島，復有高山突起，於是濕潤之海風，爲之隔絕，其中湖泊，初則變爲鹽性，繼則堙沒，河流亦枯。因之中亞細亞及我國北部成爲廣大之沙漠，植物之生長極少。中亞細亞因有強烈之風化力，又以缺乏雨量，乾細之岩質，經風颺起，吹向東南，逐漸降落，彌漫大地。經億萬年，而後我國北部舊有之山形河渠，盡爲覆埋，有積深達六百公尺者，卽今日之所謂黃土層也。

其後東南山系又復下陷，海水侵入，氣候改變，雨量增加，斥鹵之地，爲水冲淡，河流侵蝕，輒成深溝。於是演成黃河流域今日之地形與氣候。

黃土之分佈，以甘、陝、晉、豫爲多。其在蘭州高原以上者爲六萬平方公里，蘭州至寧夏者爲五萬五千平方公里，北洛河流域爲一萬六千平方公里，渭河流域爲二萬六千平方公里，汾河流域爲一萬一千平方公里，沁河流域爲二千平方公里，洛河流域爲二千平方公里，連同西安至觀音堂及其他各地，共計十八萬八千平方公里，（此外河北各河流域中，尙有一部未計。）約當全河流域面積四分之一。黃土覆蓋之深淺雖殊，平均計之，約爲三十公尺。歐、美雖間亦有之，然皆區域狹小，土層淺薄，無此洋洋大觀也。

天然之黃壤，與曾經耕種、灌溉及河水沖至下游者，稍有不同，然所差甚微。僅因農作施肥，略變其成分，施水以助其風化而已。

黃土由於風積，已如上述，故其粒極細。可就分析之結果，略舉數例，以資說明。瓦格納研究粒徑在〇・〇五公厘以下者，佔百分之八十。其粒徑在〇・〇一公厘以下者，天然黃土中佔百分之二九・六五，有農作物之黃土中佔百分之三七・八二，施灌漑之黃土中佔百分之四一・三六。斐禮門研究下游黃土之全量，皆能漏過二百號篩子（空徑〇・〇七四公厘。）陸德米爾克研究直徑為〇・〇六五公厘者佔百分之二十五，直徑為〇・〇三三公厘者佔百分之七十三。黃河水利委員會之研究河中泥沙無大於〇・〇四公厘者，尤以小於〇・〇二公厘者佔大多數。各家研究之結果，雖略有不同，已見其粒之細。即以平均粒徑為〇・〇二公厘，欲排列成連續一公尺長之線，則須黃土五十萬粒，一立方公分之體，須由三百萬土粒積成之也。故流水之速度在每秒一・二公尺以上，即有沖刷現象，在每秒〇・三公尺時，水中所攜之泥沙，即不至於沉澱也。

黃土之化學成分平均言之，以二氧化矽（SiO_2）為最多，佔百分之六四・三〇，三氧化二鋁（Al_2O_3）佔百分之一一・二三，三氧化二鐵（Fe_2O_3）佔百分之二・四〇，一氧化鐵（FeO）佔百分之一・二二，氧化鈣（CaO）佔百分之九・九六，氧化鎂（MgO）佔百分之二・五〇，氧化鉀（K_2O）佔百分之二・三四，氧化鈉（Na_2O）佔百分之一・四八。下游河中所攜之泥沙，大致亦同，惟含炭酸氣（CO_2）較多，約佔百分之十。黃土中大都含有石灰質，若有充分水量，亦有自肥能力。

五　氣候

黃河流域之氣候，胥受季風之影響。季風者，風向之因季候而更變者。大抵冬季自大陸吹向海洋，夏季自海洋吹向大陸。歐、美、澳各洲雖亦有之，然季風發生極盛之區，無過於亞洲東南部，故中國、日本、印度諸國，乃特稱曰季風氣候區域。

季風氣候之成因，起於陸面與海面性質之不同。陸面吸熱易，放熱亦易，海面吸熱難，放熱亦難。當夏季大陸受日光之薰灼，温度升高極速，乃形成一低氣壓。其時海面温度較低，氣壓較高，因此風向乃由海洋吹向大陸；反之，冬季日光斜射，陸上放熱較多，故温度低而氣壓高，同時海面上則温度較高而氣壓較低，因此風向乃自大陸吹向海洋。此種冬夏風向之更迭，卽稱爲季風。凡大陸面積廣大者，季風之更變，乃愈顯著而發達，如亞洲是也。

季風區域因冬夏風向不同，一切氣候要素，均隨之發生變化，其中最著者，殆莫過於雨量。夏令風多自海洋吹向大陸，因其攜帶水汽甚多，成雨之機會亦多。反是，當冬季時，風向自大陸吹向海洋，氣流異常乾燥，成雨之機會亦少因此凡屬季風氣候，多係夏季降雨，冬季乾燥。因季風之方向不同，冬夏溫度之差別亦大。

就我國全境而言，可分爲西北與東南兩部。西北多高原與盆地，東南多平原與陵邱。西北因受地形之阻，爲太平洋或印度洋之海風所不及，故爲乾燥之內陸區域，東南於夏季受海風之調劑，雨量豐沛。黃河流域正位此東南與西北兩區域之過渡地帶。秦嶺以南，揚子江流域，雨澤豐盛，陰山、賀蘭山以北爲乾燥之沙漠區域，黃河流域界於其間。東境豫、冀、魯距海較近，雨量較豐，太行、終南以西，則雨量殊少。

雨以成因之不同，可分爲雷雨、地形雨、風暴雨。雷雨者因夏令日光強盛，地面溫度升高，空氣膨脹上升，成爲對流作用，空氣上升，溫度降低，水汽乃凝結成雨。地形雨者因空氣流動，受地形之阻，被迫上升，溫度降低，因而成雨。凡地形迎風之面多有之。風暴雨者，乃因旋風構成之雨；凡屬旋風，多係由性質不同之氣流相遇而成，熱氣流密度小，故居上，冷氣流密度大，故居下，熱氣流被冷氣流擡舉上升，因冷凝結成雨。

黄河流域因地形而致增雨量者，蓋有數區：泰山區雨量較蘇北、魯東各地爲多。河北省南部則殊稀少，普通多在五百公厘左右，以地形平坦故也。山西高原之東邊因太行山之突起，其附近雨量，較之河北平原及山西高原爲增。甘肅東部六盤山一帶因地形隆起，雨量亦多，爲涇、渭水源所由來。

我國颱風（風暴之一種）登陸之期多在秋夏之交，以七、八、九三個月爲最多，其登陸處所多在浙、閩以南，其在山東以北登陸者殊少。據徐家匯氣象台三十一年之統計，颱風在山東登陸者僅十六次，其在廣東登陸者計一百零四次。惟颱風自東南登陸後，中心雖在海岸，影響於内地者，範圍亦甚廣。如二十三年八月七日至九日颱風中心經過上海之北時，綏遠、山西、及陝西因卽發生暴雨，十一至十二日經過開封西北行，卽其明證也。故颱風每爲洪水暴發之要因。

黄河上游及各支流之雨量記載殊少，故研究遂難精確。大體言之，自東南趨西北遞減。如青島全年平均雨量爲六六四公厘，天津爲五二五公厘，大名爲五二九公厘，晉城爲五三四公厘，開封爲五三〇公厘，西安爲五一八公厘，清水爲六五一公厘。故五百公厘之等雨線約自燕山山脈順太行山之東而下，經山西高原之南部，沿渭河以達六盤山脈。三百公厘之等雨線，約自綏遠陰山山脈順賀蘭山脈西南向，更折而向西。豫省之伊、洛則約在六百公厘等雨線之左右。此雨量分佈之大略也。

黃河流域之雨量，全年中之分配，極不一律，約略計之，冬季佔百分之三，春季佔百分之十，夏季佔百分之七十，秋季佔百分之十七，故多集中於夏季。而浙江沿海一帶之分配則較爲平均，冬季佔百分之十五，春季佔百分之二十五，夏季佔百分之三十八，秋季佔百分之二十二。

黃河流域之雨量，恆以七、八月爲大。曲陽於民國八年七月之雨量爲二三九·一公厘，當斯年全量百分之四十七，晉城於十三年七月雨量爲二三一·五公厘，當斯年全量百分之四十三，西安於十四年八月雨量爲二〇八·六公厘，當斯年全量百分之三十三。此等集中之降雨，實爲河水大汛激漲之原因。

黃河流域之暴雨亦甚多，如綏遠之薩拉齊，年雨量僅三五二公厘，而一日間最大暴雨達一三七公厘。開封二十三年九月二日之暴雨爲二〇〇公厘，同日洛陽爲一三二·五公厘，晉城二十一年五月二日暴雨爲九六公厘，其他記載年數較短者，若麟遊二十二年七月二十日暴雨爲一〇〇公厘，岐山二十二年七月十六日暴雨爲九〇公厘等是。是則黃河水位冬夏相差甚大者，不爲無因也。

各年之中雨量之差亦鉅，如開封以十三年之記載而論，最高雨量爲一一二〇・〇公厘，最低者爲三五一・〇公厘；陝縣十四年之記載最高雨量爲六八二・六公厘，最低者爲一九七・四公厘；晉城九年之記載最高雨量爲七三一・四公厘，最低爲三三四・二公厘；白水二年之記載，最高雨量爲五三四・五公厘，最低爲三五二・七公厘；由是可知黃河水位年與年之比，每亦相差甚多也。

黃河流域之温度測站，較雨量測站爲尤少，有之亦多爲短期者，兹約略誌之。濟南年平均温度爲一四・六度，開封爲一四・四度，太原爲一〇・三度，新絳爲一四・五度，西安爲一四・三度，皋蘭爲一〇・一度，綏遠二十四頃地則僅爲五・四度也。

至於蒸發量則與温度、雲量、風力、濕度、日照均有關係。黃河流域氣候乾燥，每年總蒸發量，殆多在每年總降水量之上。此項記載亦僅下游有之，例如青島全年在陰影之蒸發量達七一〇・三七公厘，濟南全年蒸發量爲一一五七・九公厘，臨清爲一六七七・九公厘。除夏季外，黃河流域之雨量既少而蒸發又高於此可知黃河水流於冬春之季特爲降落也。

河流結冰與否不必與氣溫冰點相符合大抵冬季開始結冰之時，氣溫必在冰點之下，春季解凍，則氣溫必在冰點之上。河流之結凍與解凍尤多與流速流量及地形相爲關連平均計之，皋蘭之冰期爲自十月二十四日至三月二十二日，西安爲十月十六日至三月十八日，徐州爲十月二十五日至四月七日，濟南自十一月四日至三月二十九日。

至於封河之期，皋蘭在十二月中旬，開河在三月上旬；二十四頃地封河於十一月下旬，開河於三月下旬；龍門封河於十二月中旬，開河於三月上旬；灤口封河於十二月下旬，開河於二月上旬；利津封河於十二月中旬，開河於二月中旬。開封無紀錄但開河之期當較灤口爲早。故黃河下游凌汛，實由於開封、灤口等地之開河較河口者爲早，冰塊擁積之所致也。

六　水流

各河流量之多寡不同，情況之變化亦異，蓋以所含之因素既繁，個性又特殊也。大别言之，其因素有九：

一、流域之大小，形狀及其位置；
二、流域地勢之情形；
三、地質之狀況；
四、雨量之大小，次數之多寡，及時間之長短；
五、氣候之變化，如温度、蒸發、及氣壓等；
六、地面植物之狀況；
七、地下水之多寡；
八、湖泊及其他蓄水之情形；

九、河水之利用及河道治理之情形。

前項本身問題，既甚複雜，而其影響於流量之準確關係，迄今尚難明瞭。特就黃河流域之概況分析述之。

包頭以上之流域面積，佔總量之半，然其影響於下游之洪流者則較輕。蓋以河出青桐峽後，六百公里間，別無支流，平緩廣漠，水得以盪漾停蓄，且灌溉用水亦多。故就形勢及用水言之，皆足以延緩洪流，平均水勢。而青海山地之積雪，又每能調劑枯水之流量。

山陝之間兩岸支水，形如駢脅，源短河陡，一遇暴雨，則建瓴疾注，影響至巨。不雨則枯涸立至。

渭河流域（包括涇水及北洛水）形似蒲葵，各流輻輳，此地形最爲不利。若遇暴雨，則萬馬齊驅，匯於潼關，鮮不爲害。

汾水流經山西高原，亦於潼關之北入河。夏季有氾濫之患，乾季有枯涸之虞。

設以上三區，皆有暴雨，則下游必受奇災。即有一於此，亦復不支。如二十二年因渭河流域暴雨而釀成之水災，其著例也。

除夏季外雨量極少，是以空氣乾燥，蒸發量巨，遍地黃土，滲透性強，雖有微雨，逕流必低。（逕流者，雨水逕流入河之部分也。）且地下水之儲藏少，故流量極微。惟在多雨之季，空氣土壤皆呈飽和之象，又無湖泊之停留水利之應用，故逕流必多而疾。是以黃河流量之高低比差甚大，以二十二年而論，最高與最低流量之比乃至一百十五倍之巨，卽其例也。

明乎此，則知黃河之忽漲忽落，忽而枯見河底，忽而漫灘薄隄者，蓋有由也。

黃河漲水，向有四汛之稱，卽桃、伏、秋、凌是也。桃汛自淸明日起，至其後二十日止。上游雪融之水也。伏汛自夏至日起，至立秋日止。秋汛自立秋日起，至霜降日止。其間漲落不一，量亦各殊，胥視降雨之多寡而定。凌汛乃因結冰初溶，冰擁水漲之謂，各書多不載起止年月。所謂四汛者，僅表示漲水之時期，俾便防範而已，對於漲水之大小遲速，均難顯示之也。

黃河流量以十二月或一月爲最低，間亦有在五月者。就大勢言之，十二月及一、二月流量低微，變化亦少。至三月末或四月初，流量突增，但不久又復降落（卽所稱之桃汛），降後之水，雖較冬日微高，然亦平緩，無甚變化。七月流量漸增，倐漲倐落，恆於八月達最高峯。九、十月後，漲落漸減，然仍不

時猛漲。霜降以後低水始見。（參閱附圖四・五）

陝縣之最低流量，據八年至二十三年間之統計，皆在十二月或一月中，量在一百六十至三百秒立方公尺之間。二十四年之流量較高，最低者則為四百秒立方公尺。冬季結冰，測量每不易精，張本亦少，今以五月為例，研究大河及支水之低流。

二十四年五月，包頭平均流量為每秒一〇一四・五立方公尺，龍門為九五一・六，潼關為一三〇一・一，陝縣為一二二四・二。可知低水時水之大部來源，乃自甘肅羣山之中，經包頭而下。山、陝谷中雖有多數支流，但無所增。以涇、渭、洛、汾各河合計，所增之量，僅每秒三百立方公尺。若比較各河之水文張本，與此亦復相符。可見濟黃河之枯水者，包頭以上之流域也。

三、四月間之水，可漲至二千至三千秒立方公尺，此為自上年十二月至六月之高峯，其他雖有漲落，但皆平緩。平均言之，十二月至二月，流量約為四百至七百秒立方公尺，三、四、五、六各月除突峯外，約在七百至一千二百秒立方公尺。今以二十三及二十四年為例，列表如次：（流量以秒立方公尺計）

月份	年份	最小流量	最大流量	平均流量
一月	二十三	二四四·一	三三二·二	二七二·九
	二十四	四四五·〇	七九五·〇	六二六·六
二月	二十三	三四八·二	四一三·四	四五〇·〇
	二十四	四五五·〇	八七五·〇	五九二·九
三月	二十三	四八二·七	八二九·三	六二六·一
	二十四	七五五·〇	二三二〇·〇	九九四·四
四月	二十三	四七九·四	一五五六·八	七八四·〇
	二十四	七九五·〇	一三七〇·〇	一〇一〇·〇
五月	二十三	六〇二·五	九九五·三	七三八·〇
	二十四	九六〇·〇	一四九〇·〇	一二二四·二
六月	二十三	六八六·六	一五八一·七	九二〇·三
	二十四	九六〇·〇	一六三〇·〇	一二七四·二
十二月	二十三	四一七·七	七四一·五	六七七·七
	二十四	四〇〇·一	一三三〇·五	六六六·一

七月而後，遇雨即漲，雨止復落，變化之差別較大。最高水期多在八月。仍以陝縣二十三及二十四年爲例，列表如次：

月份	年份	最小流量	最大流量	平均流量
七月	二十三	七三六·五	一八二八·四	一一二一·〇
	二十四	一一六〇·〇	七〇六〇·〇	二七〇七·三
八月	二十三	一四〇五·八	一七〇一五·〇	三二二〇·〇
	二十四	一八五〇·〇	一八二六〇·〇	四五六八·五
九月	二十三	一九四七·八	三二五〇·一	二五九〇·〇
	二十四	二七八八·三	五一六四·〇	三四九五·八
十月	二十三	二七六五·三	七一九九·五	三七二九·〇
	二十四	二三一〇·五	三二一四·四	二九二五·八
十一月	二十三	一四六三·六	二三八一·三	一六四四·三
	二十四	一四三三·一	二二三六·七	一八三八·三

吾人分析大水之來源，卽知其不自包頭以上而來於涇、渭、洛、汾及山陝谷中也。例如二十三年蘭州八月漲水流量增至每秒五三二五・〇立方公尺，包頭僅每秒二四九二・七立方公尺。寧綏平原平緩盪漾之功也。二十二年之大水，陝縣流量至每秒二二、六〇〇立方公尺，打破所有之記錄，考其來源，則多自涇河，分析如下：

受包頭以上黃河流域之水爲　每秒　二、二〇〇立方公尺；

受包頭至潼關間之水……………每秒　二、三〇〇立方公尺；

受汾河之水……………………每秒　一、八〇〇立方公尺；

受北洛河之水…………………每秒　三〇〇立方公尺；

受涇河之水……………………每秒　一二、〇〇〇立方公尺；

受渭河之水……………………每秒　四、〇〇〇立方公尺；

合計　每秒二二、六〇〇立方公尺。

於此可見渭河葵葉式流域之影響最大。再就二十三年論，陝縣最高流量在八月十日爲每秒

一七、〇一五・〇立方公尺，而八月初包頭之流量，尚不及每秒二、〇〇〇立方公尺。龍門之最大流量爲六、〇九五・五，潼關爲一四、九一四・〇。可知此年洪水時之水源則大部來自山、陝谷中及渭河流域也。

二十四年八月陝縣之最大流量，爲每秒一八、二六〇・〇立方公尺，包頭僅二、五六五・五，龍門六、四四一・四，潼關九、六八八・七。是則此年流量之供給大半由於中條山與崤山之谷中。

今更以各地大水時每月之平均流量較之。二十三年八月及十月皆有暴漲，二十四年八月爲大水，茲將三者列表如次：

地名	二十三年八月平均流量	較前站增減	二十三年十月平均流量	較前站增減	二十四年八月平均流量	較前站增減
皋蘭	三七一二・〇		三二〇一・三			
包頭	一八七五・〇	減 一八三七・〇	一六七七・七	減 一五二三・六	二〇五六・五	
龍門	三一八五・〇	增 一三一〇・〇	二二五二・二	增 五七四・五	三〇〇二・四	增 九四五・九
潼關	三八一〇・〇	增 六二五・〇	二九六四・〇	增 七一一・八	三六六五・三	增 六六二・九
陝縣	三二二〇・〇	減 五九〇・〇	三七二九・〇	增 七六五・〇	四五六八・五	增 九〇三・二

秦廠	三九二三·〇	增	七〇三·〇	三六三五·〇	減	九四·〇			
中牟	—		—	—		—	四八八〇·五	增	三一二·〇
高村	三四九〇·〇	減	四三三·〇	二九七四·四	減	七六一·〇	四七五九·〇	減	一二一·五

平均流量之單位仍以秒立方公尺計。二十三年黃河決口於高村上游，故該處記載受有影響。秦廠、中牟皆在洛、沁之下游，故其量增除二十三年八月潼關及陝縣之記載稍有可疑外，給水之來源，至爲明顯。尤應注意者，卽包頭上游蓄水之能力，其有裨於防洪者非鮮也。

暴雨之中心距陝縣愈近，愈爲不利，由是亦可知防洪所應努力之地帶矣。

黃河之最大流量，當以二十二年之記錄爲最高，但不幸之遭遇，或有更甚於此者。故吾人對於治河之設計，應以每秒三萬立方公尺爲根據。設以陝縣爲準，可姑定如下：

最高洪水……………每秒三萬立方公尺；

常遇洪水……………每秒一萬五千立方公尺；

每年數遇之洪水……每秒六千立方公尺。

民國二十年後，雨量漸多，西北週率性長期旱季，似已過去。故其後之流量記錄，較前者爲高。昔日常以八千秒立方公尺爲黃河最大洪水之說，已不能成立矣。

因水源不旺，全賴雨水，故水位恆以雨之來去爲漲落。其變化之速，前已略述。若更參閱附錄中之流量圖，更可瞭然。仍以二十四年陝縣之記載爲例：七月突出於五千秒立方公尺以上者四次，平均流量僅爲二、七〇七·三秒立方公尺。八月突出於六千秒立方公尺以上者亦四次，平均流量僅四、五六八·五秒立方公尺，亦可見漲落迅速之一斑矣。

黃河流量尙有一奇特之現象，即陝縣而東，過武陟，兩隄極寬，入山東復狹，至濟南濼口僅千餘公尺。研究河水東流之狀況，極饒趣味。惟連年決口於冀、魯之交，以致記錄不全，是爲憾耳。

依據民國八年至二十一年之水位推算，濼口之最大流量僅及陝縣者二分之一至三分之二，此極可注意之事實也。

二十四年黃河決口於高村以東之董莊，其上之流量可資比較。陝縣八月最大流量爲每秒一八、二六〇·〇立方公尺（八月七日），中牟爲一九、五〇〇·〇（八月九日）高村（菏澤）

為一二、四〇〇·〇（八月十日）中牟復受有沁、洛之水，故較增，而高村則反降低者，則河南省寬隄距間節儲之功能也。以山東省之河道情形言之，鮮能攜載一萬秒立方公尺以上之流量，幸賴有此以調劑之。

茲進而研究全年之總流量。根據民國二十年以前之統計，曾估計陝縣之全年平均流量為一、二三六秒立方公尺，濼口者為一、四七五秒立方公尺。惟二十三年及二十四年之流量較高，今將其全年總流量列表如次：

地名	二十三年總流量 立方公尺	二十四年總流量 立方公尺	附註
包頭		四三、六三五、三五五、八〇八	
龍門		四四、四二一、六五二、八〇〇	
潼關	四六、〇〇九、七二八、〇〇〇	五六、三六七、五三六、七二八	
陝縣	四四、三〇六、七三八、〇〇〇	五八、〇〇四、〇〇〇、〇〇〇	平均流量為每秒一四〇五及一八三九立方公尺
秦廠	五〇、二七五、四三二、〇〇〇		

高村	五五、四九九、五八九、三〇四	平均流量爲每秒一七五九立方公尺
灤口	五六、〇五〇、五七六、〇〇〇	平均流量爲每秒一七七七立方公尺

故入海流量以全年總平均計，在每秒一、二〇〇至一、八〇〇立方公尺之間因旱潦而定。包頭之全年流量幾與龍門者等，而洪水時期、山陝一帶又常爲暴漲之源故其水暴而變而包頭之水平而匀。於此亦可證明包頭以上之水，對黃河本身有利而無弊也。

若就全河流域面積及全年流量計，流量總數約合七十公厘之雨量。而雨量則在三百與五百公厘間，故平均計之逕流係數約爲百分之二十。

關於水流之速度則以河道橫斷面積之大小、形狀，河流之比降，與夫河槽之光滑、粗糙等因素而定。大體言之黃河水流之速度可分一年爲三期，即十二月至二月，三至六及九至十一各月，七至八月是也。但在一橫斷面中，水流之速率，輒不相同，凡在河之中央而近水面處者流最速，近岸處者流最緩，故普通皆以該橫斷面之平均速率爲準。茲分期就各地之平均速度以秒公尺爲單位，列表如次：

地名	十二至二月之平均速率	三至六及九至十一月之平均速度	七至八月之平均速度	最高之平均速度
包頭	一·二	一·五	一·八	二·二
龍門	一·五	一·七五	二·五	四·五
潼關	一·〇	一·七五	二·〇	四·五
陝縣	二·二	二·五	二·七五	五·五
秦廠	一·〇	一·五	二·七五	四·〇
中牟	一·〇	一·五	二·七五	四·〇
高村	一·〇	一·五	二·〇	二·五
濼口	一·〇	一·二五	二·七五	三·〇
利津	一·〇	一·二五	二·七五	三·〇

水流以陝縣爲最急，中牟以下漸緩，入山東則又稍急。

各支流之水文，於研究治河問題極爲重要，但尚付缺如，是亟應籌設者也。

七 泥沙

河流冲刷之功能與流量之多寡，速率之大小，河道之切面等有密切關係。故流量多者，運輸泥沙之總量必大速率疾者，所含泥沙之成分亦巨。是則既知黃河流量之漲落，則含沙升降之變化，亦可知矣。

普通表示泥沙運行多寡之方法有二：一爲含沙量，卽水流中所含泥沙之多寡，計算法亦有二，一以體積爲準，如若干立方公尺水中，含有若干立方公尺之泥沙，以百分數表之；一以重量爲準，亦以百分數表之；後者較爲準確，故採用者多，本書所稱之含沙量，以水與含沙之合重除所含泥沙烘乾後之重量，更以一百乘之，卽得含沙量之百分數。一爲攜沙量，卽每秒河水攜帶泥沙之數量，有以體積計者，用立方公尺表之，有以重量計者，用公噸表之。

今先述黃河在秦廠（平漢鐵橋之上游）之平均含沙量，俾於黃河冲積之情況，得一概念。

月份	平均流量（秒立方公尺）	平均含沙量（重量百分比）	月份	平均流量（秒立方公尺）	平均含沙量（重量百分比）
一月	四〇〇	〇·四	七月	二、五〇〇	三·五
二月	六〇〇	〇·六	八月	四、〇〇〇	六·〇
三月	八〇〇	一·〇	九月	三、〇〇〇	四·〇
四月	八〇〇	一·二	十月	二、〇〇〇	二·五
五月	七五〇	一·五	十一月	一、五〇〇	二·〇
六月	一、〇〇〇	二·〇	十二月	六〇〇	一·二

以此表論，全年之平均流量爲每秒一、五〇〇立方公尺，含沙量爲百分之三·六。就已有之記錄言之，全年平均含沙數可在百分之二與四間。

黄河最低之含沙量可至萬分之三，但陝縣之紀錄，率在千分之三以上。惟二十三年八月陝縣之含沙量，打破最高紀錄，竟達百分之三八·一四之巨額。譬之有水土相混之泥水一桶，重百斤，泥沙佔其四十，則淨水與淨土之比當爲六與四。六十斤之河水，即攜四十斤之泥沙，滚滚東流，寧非奇泥沙之比重，約爲一·四五，故以重量計爲百分之四十者，以體積計約爲百分之二七·五。

黃河各地之含沙情況，頗不一致，爲說明起見，可就二十三年及二十四年八月各地之記錄，列表如次：（含沙量以重量百分計）

地名	二十三年八月含沙量		二十四年八月含沙量	
	最大	最小	最大	最小
皋蘭	三·二〇	〇·〇六		
吳忠堡			五·八〇	〇·一六
包頭	二·三五	〇·八八	一·一四	〇·八一
龍門	三一·五二	一·七〇	三三·四六	〇·五三
潼關	一七·一六	二·六二	一八·九五	〇·八九
陝縣	三八·一四	三·〇三	二二·三九	一·九〇
秦廠	一八·七五	二·七八		
高村	一一·四二	二·四五	七·三八	一·三五

陶城埠	一二·二六	三·二二	九·五六	一·三四
濼口	一〇·九二	二·三五	四·三二	〇·四五
利津	一〇·九二	二·四七	四·四八	〇·六一

七、八、九、十、四個月中之攜沙量合計，約當全年百分之八十至九十，故可藉以比較各地之冲積工作。今以二十三年及二十四年之記錄作參考，附列於後。惟應加聲明者，卽二十三年河自河北長垣決口，水沿北岸順金隄東流，仍自陶城埠入河，其影響於下游者尚小。二十四年河決董莊，水流大部南趨，故高村以下各地之記錄，不足以表示其常態也。

民國二十三年黄河各站攜沙量比較表

站名	全年攜沙量立方公尺
包頭	
龍門	
潼關	949,581,443
陝縣	1,451,942,115
秦廠	1,460,641,904
高村	
陶城埠	1,110,252,312
濼口	
利津	

民國二十四年黃河各站攜沙量比較表

站名	七八九十四個月攜沙量立方公尺	四個月兩地攜沙量差立方公尺	全年攜沙量立方公尺	七八九十四個月攜沙量立方公尺
包頭	152,236,800			134,151,552
吳堡	772,416,000	+620,179,200		352,189,732
龍門	854,152,000	+ 81,736,000	748,141,028	667,626,584
潼關	1,290,642,560	+436,490,560	738,385,904	632,695,104
陝縣	1,309,564,300	+ 18,921,740	1,272,276,288	1,040,840,064
高村	775,785,600	−533,778,700	799,449,916	656,164,796
陶城埠	841,276,800	+ 65,491,200	393,197,848	296,161,056
濼口	962,884,800	+121,608,000	315,798,216	220,717,080
利津	825,840,800	−137,044,000	342,306,656	276,247,808

七 泥沙

四九

四個月兩地攜沙量差立方公尺
+218,038,180
+315,336,852
- 34,931,480
+408,144,960
-394,775,268
-360,003,740

設以陝縣之全年攜沙量爲單位，歸納之可得各段之指數如下：

一、包頭之攜沙量當陝縣百分之十二。

二、至龍門增加百分之四十八，故龍門當陝縣百分之六十。

三、至陝縣又增加百分之四十，故爲百分之百。

四、陝縣至秦廠（平漢鐵橋）無增減。

五、至高村（東明）減百分之四十，故高村爲陝縣百分之六十。

六、高村而下經濼口以至利津冲積平穩，雖稍減少，仍能維持前數。

惟兩地間之攜沙量差數僅能表示河水冲刷之工作，不能代表冲刷或淤澱於兩地間土壤之數值。蓋以河流攜帶之泥沙，有短距離與長距離之別。短距離者爲局部之冲澱，旋冲旋沉，如冲於一灣之上段者，即淤於下段，刷於此岸者，復積於彼岸。長距離者爲長距離泥沙之運輸，自上游攜至下游之總數也。例如二十三年秦廠與高村之攜沙量差爲五萬萬立方公尺。若此量全淤積於豫省大隄間之河中，每百年即可淤高十五公尺，即偶因潰決，致流淤於外，而略有減少，但揆之事實，相差仍遠。利津之攜沙量約爲八萬萬立方公尺，若以此量盡輸諸海，則海每年須退出陸地二公里半，亦非易成爲事實。於此可見短距離之冲積量必佔大部。以河床鬆疏，土粒細微，冲攜既易，飽和即沉，稍遇急溜，又復揭起，旋冲旋積，多屬局部變化。但根據攜沙量所求得各處之指數，略可表示泥沙之所由。

泥沙之來源，當爲黃土，其輸送於下游者，則以山、陝諸水爲多。上游者，似皆沉澱於寧、綏平原。故包頭以上之泥沙，便不能爲下游患也。

然則每年自上游搬運而下之泥沙，淤積於豫、冀平原，及輸送於海之數量究屬幾何？豈非一極有趣味之研究。此等數值既不能完全依據攜沙量以事推測，則對地形之變化，必有多年之觀察。如無潰決，尚可以兩隄間之地形爲準，然潰決頻仍，不獨決口時之泥沙外流，而河槽且被刷深，故此問題極爲複雜。約略估計，每年淤澱於孟津以下之泥沙，可一萬萬立方公尺，輸入於海者亦一萬萬立方公尺，合計之爲二萬萬立方公尺。此卽上游黃土層中之土壤每年輸送於下游者，故可名之曰輸沙量。平均計之，約當陝縣攜沙量百分之十五也。

黃河淤積爲大平原造成之原因，輸沙量卽表示其進行之速度，惟此等速度則因時代及地形之演變而異。自有黃河以來，卽行使其搬運工作，惟以今日之環境言之，前估之數似尙相近也。

欲表示黃河冲刷力之偉大，可以例比之，設以陝縣每年所攜之沙，築高二公尺半寬二公尺之長隄，可圍地球赤道七週，以所輸於下游之泥沙築之，亦可繞一週。

世界有名之冲刷河道頗多，美國可崙拉都(Colorado)其最著者，全年平均含沙量爲一四二分之一；世界最大之河爲密西西比(Mississippi)，全年平均含沙量爲一五〇〇分之一，其全年平均流量雖較黃河可大十二倍，然其攜沙總量則不能及之也。

「河」一本專門名詞，我國古籍之言「河」者，皆指「黃河」，後以其色黃，多以今名稱之。故治理黃河工作大部須在此「黃」字著工夫。古人以「海晏河清」爲太平景象之預兆，「正本清源」爲工作澈底之表示，吾人治「河」，亦應知所努力矣。

八　河槽之變動

黃河自孟津而東，即入冲積平原，質細粒鬆，遇水極易漂失。當水流速度每秒達一·二公尺以上時，黃土即呈冲刷現象，而黃河之流速大都超越此值，故其崩塌淤墊，永無寧時，加以上游有大量泥沙之運送，益現不穩之狀態。至於河槽之變化，可分爲縱面及平面二者，凡河槽之深淺冲積，皆屬縱面變化，河身之左右遷徙，則屬平面變化。此等現象，雖各河多有，然無黃河之波譎渦詭，變化多端，潰決改道之屢見不鮮也。

遇漲則水流之速率增，攜沙之能力亦強，故河槽因以刷深，水落則淤。二十二年洪漲時期，龍門河底刷深三公尺餘，潼關刷深二公尺。平漢鐵路漲水前之低水位與落後者相較，竟差六公尺。可見水位之漲落，不能表示流量之增減，以河槽之有變化故也。（水位者，水面之高度也。）爲說明河槽冲刷之變化起見，可就各地在某一高度（或拔海）線下，河槽橫切面積之增減表之。蓋以河底若無冲積，則在此線下之面積，必永爲一定。但今竟有相差至八倍者，如二十四年潼關在拔海三二一公尺以下之河槽橫斷面積之變化是也。其他除陝縣河床較爲固定外，所差亦在三倍至五倍。茲列表如次：

地名	標準線之高度（公尺）	二十三年切面（方公尺）之變化				二十四年切面（方公尺）之變化			
		最小	月日	最大	月日	最小	月日	最大	月日
包頭	九九八					九〇〇	一二—二二	一四八〇	九—二五
潼關	三二一					一五〇	一二—三〇	一二〇〇	九—一三
陝縣	二九二	七二七	一二—二九	一一三〇	一〇—一六	六七〇	三—一	一一二〇	八—一四
秦廠	九四	七五六	一二—二九	二一三〇	八—二二				
中牟	八六					七二〇	一二—二九	二七五〇	八—二八
高村	六〇	八七〇	一二—一八	一八五〇	一〇—一〇	五一七	六—一五	二八〇〇	八—一四
濼口	二八	一〇四三	一二—一九	一七六七	八—一六				

此表所指示之意義至爲明顯，設河爲石槽，則切面不應有增減，換言之，即無冲積現象。而黃河則爲流動性之河槽，宜其防護之困難也。且所列舉之地點，皆係河槽較爲穩定之處，以作觀測流量

用者，他處自必更有甚於此者，故上表尚不足以表示一般之情況也。

是以黃河之水流，不可以常理推算。秦廠於二十三年八月十日水位爲九三・八五八公尺，流量爲四三一三・四秒立方公尺，於九月九日之水位升至九四・三九六公尺，而流量反減爲三五七一・二秒立方公尺。以二者之流量論，其數相埒，對於河槽似不應有劇烈變化，然水位之差，竟至半公尺。蓋以河底淤積，水位雖抬高，而橫切面積則反自一七七一・〇減爲一四一二・一平方公尺。於此可見河槽之變化，不僅冬夏有差，卽隨時隨處皆有沖積也。

至於河槽在平面變化，則因水位之漲落，溜勢之改變所致。小之則刷灘淤岸，蜿蜒遷徙於兩隄之間，大之則冲決潰溢，泛濫奔馳於平原之上。水溜之方面，每因流量而變化。夫河流喜曲，岸多鬆解，故常朝河而夕淤，在昔喧闐之市，今爲魚龍之鄉。且河流不常，倏東倏西，平工遽變爲險，而險工復夷爲平者，所見屢屢。（大溜衝隄之處稱險工，不靠大溜之隄岸稱平工。）是以防守搶護，倍覺困難。

大隄內之變遷，尚乏觀測之資料，惟以開封一月至六月間低水時期情況觀之，如流量在三八四・八四與一一七九・六二秒立方公尺之間，而深槽則變遷於六百公尺之河身內，忽左忽右，錯綜紊亂，幾無一定之路線可言。設流量稍有增加，則恣肆於兩隄之間，更莫知其所極矣（參閱附圖六、七）。

可見黃河下游河槽，實浮游於疏鬆之冲積原上，迴瀾騰踔，如神龍之變化莫測，以致防制潰決，既至不易，舟航輓輸，尤感困難。

黃河之變遷，當以冲積大平原爲範圍，見諸記載者，北則以禹河爲界，南奪潁水入淮。泛濫之禍，史不絕書，綜其大者，凡改道六次。今略述梗概，以示遷流之靡常（參閱附圖三）。

甲、神禹河道：禹貢載：「導河積石，至於龍門。南至於華陰，東至於底柱。又東至於孟津。東過洛汭，至於大伾（濬縣東南二里）。北過洚水（即漳河）至於大陸（大陸澤在鉅鹿縣北）。又北播爲九河（徒駭、太史、馬頰、覆釜、胡蘇、簡、絜、鉤盤、鬲津），同爲逆河，入於海。」

又禹釃二渠，自黎陽宿胥口始，一北流爲大河，一東流爲漯川。漯川自宿胥口受河水而東流。按胡渭禹貢導河圖，載河自大伾南方東行，橫穿河北省南部，經山東朝城、聊城、高唐、臨邑、高苑而東入渤海。

考禹治河在帝堯八十載癸亥，即西曆紀元前二二七八年。禹道凡一六七七年而初徙。

乙、河道初徙　周定王五年（西曆紀元前六〇二年）河決滎陽（今濬縣）宿胥口，東行漯川，至長壽津（今滑縣東北）始與漯別行，至大名約與今衞河平行，至滄縣與漳河合，由天津入渤海。後歷六一二年而再徙。

丙、河道再徙　王莽始建國三年（西曆紀元十一年），河決魏郡，經清河以東平原、濟南數郡東北流至千乘入海。漳至章武達於海，而大伾以東舊址盡亡矣。又歷一〇三七年而三徙。

丁、河道三徙　宋仁宗慶歷八年（西曆紀元一〇四八年）河決商胡（今濮陽縣東北），而橫隴（今濮陽東）之京東故道塞。北流合永濟渠（即今運河）注乾寧軍（今青縣），又東北經獨流口，又東北至劈地口（即天津）入於海。又歷一四六年而四徙。

戊、河道四徙　金章宗明昌五年（西曆紀元一一九四年）河決陽武故隄，灌封邱而東。歷長垣、東明、菏澤、濮縣、鄆城、范縣諸縣境中，東至壽張注梁山濼，分爲二派。北派由北清河（大清河即今黃河）入海，南派由南清河入淮，即泗水故道。又歷三〇〇年而五徙。

己、河道五徙　自金明昌甲寅之徙，河水大半入淮。而北清河之流，猶未絕也。迨元世祖至元間，河之南徙益劇。蓋至元九年，河決新鄉，道猶在新鄉、陽武間。二十九年陽武等縣河決二十二所，水道一變。河益徙而南；又兼二十六年會通河成（卽今運河）北流愈微。明孝宗宏治七年（西曆紀元一四九四年）築太行隄以禦之，而北流遂絕。卽沿淤黄河經徐州、淮陰入海。後又歷三六二年而六徙。

庚、河道六徙　清文宗咸豐五年（西曆紀元一八五五年）河決銅瓦廂，奪大清河自利津入海，卽行今道。

九　過去治導之理論及方法

帝堯六十有一載，洪水滔天帝咨四岳舉鯀俾乂；帝乃封鯀爲崇伯，使治之。鯀大徒，作九仞之城九載，績用弗成。七十有二載使鯀子禹作司空以續父業。命諸侯百姓興人徒以傳土。禹乘四載行山表木，勞心焦思，以水之患莫大於河，乃導河積石，至於龍門。南至於華陰東至於底柱又東至於孟津。東過洛汭，至於大伾。北過洚水，至於大陸。又北播爲九河，同爲逆河，入於海。

禹八年於外，三過其門而不入，始冀州、次兗、次青、次徐、次揚、次荊、次豫、次梁、次雍。過九川，度九山，陂九澤，任土作貢，則壤成賦，弼成五服，外薄四海。於是禹錫元圭，告厥成功。

治河程序，當由下而上，大禹施工之次第，蓋自冀而兗，以疏河之下游，自青而徐，以疏淮之下游，自揚而荊，以疏江、漢之下游。然後自豫而梁，以濬伊洛之源，自梁而雍，以濬河、渭之源，俾大者有所歸，而小者有所洩，皆順其自然，因勢而利導之也。

漢武帝元鼎間，齊人延年上書言：「河出昆侖，經中國，注渤海，其地勢西北高而東南下，可案圖書，觀地形，令水工準高下開大河，東注之海。如此則關東無水災。」書上，帝壯之，惟以河乃大禹所道，恐難更改，遂寢其議。

延年之言誠壯矣，惜未究之實際，況格於地理上形勢，自匈奴開河東行有所不能，即或能之，亦豈能盡弭關東水患，蓋以就流域面積論之，包頭以上雖當全數之半，然黃河洪水之來源，泥沙之冲刷，則又多在包頭以下也。

成帝綏和二年，求能治河者，待詔賈讓上言治河三策。上策爲徙民以避水，略曰：「夫土之有川，猶人之有口也，治土而防其川，猶止兒啼而塞其口，豈不遽止，然其死可立而待也。故曰：善爲川者，決之使導，善爲民者，宣之使言。……今行上策，徙冀州之民當水衝者，決黎陽遮害亭，放河使北入海，河西薄大山，東薄金隄，勢不能遠，泛濫期月自定。」中策爲引水灌田，以分水勢，而免河患。下策乃修繕故隄，增卑培薄。

二千年來，賈讓三策影響於治河者至大且深，以稱之者衆也。蓋自鯀障河失敗之後，禹以導河致功，後世率謂禹不用隄防，而稱自戰國雍防百川，各以自利，隄防以興，人多病之，故賈讓痛詆之也。

賈讓避河之議，僅可施諸古代。所謂逐水草而居者，是其明證。惟大河奔馳於大平原上，徙民以避水，雖可苟安於一時，究難維持於永久。靳輔曰：「讓之三策自爲西漢黎陽、東郡、白馬間言，未嘗全爲治河立論」所見極是。惟後世以河患不止，賈讓上策雖不能行，但崇倘空言者，多信奉之。

徙民之議既不可行，後更演爲「不與水爭地」之說，乃寬其隄岸以緩水流，以殺水勢。殊不知水勢愈殺而沙停愈多，河身日高，河患愈烈。至明潘季馴，始倡「以水攻沙」之論，而資糾正。

賈讓之中策爲引水灌田以分水勢，惟其主要目的在分水勢，灌田其副效耳。其意或即師禹播九河之意。殊不知大禹治水乃順當時自然之情勢，以導引之，非以人工另闢九河，又合爲一河也。故「播爲九河」非大禹致功之由也。且其時大陸之下，既非生產之地，亦非文化薈萃之區，應否加以徹底之治理亦成問題。河既善淤，分則勢弱，非所宜也。至於利用孟津以上之大河及支流灌田，則當別論。

西漢二百餘年間，河患迭見，危害滋甚，其時除賈讓三策外，別無良法，而又因循不定，迄未實施，卒致河道南徙。

王莽始建國三年，河決魏郡自千乘入海。徵能治河者以數百，大都祖賈讓徙曠地，放渤海之遺策。迄東漢永平十三年議修汴渠有薦樂浪王景能治河者，詔發卒數十萬，景修渠築隄，自滎陽東至千乘海口千餘里商度地勢，鑿山阜破砥磧直截溝澗，防遏衝要，疏決壅積，十里立一水門，令更相洄注，無潰漏之患。明年夏，渠成。

王景治河，其法卽爲整理河槽，修築隄防，並設水門放淤以減泥沙。蓋以黄河東移，民不堪命，賈讓之策既不可行，則整理河槽，修築隄防，實爲必要之圖。其後千載無河患者，景之功也。世之論治河者，每稱讓勝於景，殆有未盡然也。

河道之紊亂，以兩宋爲甚。初決於商胡，至天津入海，繼分爲二股，其後又自梁山濼南北分流。故有宋之建議，多以分流爲爭點。河既淤塞，故李垂屢有疏河之議。至於李公義獻鐵龍爪揚泥車法以濬河，則不可用也。宋之治河，多囿於黨派之見，鮮有建樹。

元代治河能臣，當推賈魯，議以疏塞並舉，挽使東行，以復故道。自受命至還朝，僅逾半載，昏曉百刻，夫役分番，無少間斷，其強敏果敢之才，近古以來，未嘗有也。賈魯能注意於河道之淤塞而濬之，隄岸之殘破而塞之，分流之紊亂而疏之，其眼光之高遠，毅力之偉大，實有足多者。

自賈魯疏濬塞三法倡出後，頗爲後世所宗尚。至明神宗萬曆六年潘季馴倡「以隄束水，以水攻沙」之議，始改疏濬塞並行之說，開明、清治河之新途徑。其言曰：「河非可以人力導也，欲顧其性，先懼其溢，惟當繕固隄防，使無旁決，水入地益深，沙隨水去，則治防卽導河也。」其說與賈讓之廢隄，宋、元之分疏大相逕庭。潘氏之旨在固定河槽，不使分流漫散，故其法則以隄防。或問於潘曰：「河旣隄矣，能保不復決乎？復決可無患乎？」潘應之曰：「縱決亦何害哉！蓋河之奪也非一決卽能奪之，決而不治，正河之流日緩，則沙日高，決日多，河始奪耳。今之治者，偶見一決，鑿者便欲棄故覓新，懦者輒自委之天數，議論紛起，年復一年，幾何而不至奪河哉！今有遙隄以障其狂，有減水壩以殺其怒，必不至如往時多決。縱使偶有一決，水退復塞，還槽循軌，可以日計，何患哉！」實能言前人所不敢言也。明、清皆奉行潘氏之議，其後雖漸知僅有隄防不足以盡治河之能事，但因循塞責，無敢持異議者，卽減壩之法亦未見施行，不得已而專趨於防險一途。故「河防」之名辭，甚囂於明、清二朝。

大禹治河自積石以至於海，其詳不可考，後世第以「禹道」及「九河」爲聚訟之點，不問其他也。迨至西漢成知禹道不可復，九河難實現，賈讓乃師其意爲「避水」之說，延年則欲「旁引」以入匈奴。及至宋朝河槽既淤，河道亦紊，乃競建「分疏」之議，但又不能貫徹其旨。元之賈魯則主「疏、濬、塞」三法並用。蓋自鯀築隄以障帝都而功弗成，後世鮮有敢言築隄以障水者。賈魯之主塞，實鑒於宋河之紊亂也。及至明潘季訓則主塞旁決以挽正流，「以隄束水，以水攻沙」，一變元以前治河方策。當時常爲時論所議，實則明承宋、元之後，其勢不得不以隄耳。此歷代治河策略演變之大略也。

我國自古對於治河，素極重視。設官防守，恆竭全國之財力以赴之。上古之時，若司空、若川衡、若澤虞、若都水長丞，皆掌水政之官。然設專官以治黃河者，乃始於漢成帝河平元年以王延世爲「河防使者」。其先皆係兼領，非專職也。是後代有更張，如晉置都水臺，河隄爲其屬官。隋廢都水臺入司農，尋復置都水監，唐仍之。宋之都水監掌內外河渠隄堰之事，並有河隄使、總河、修河鈐轄、南北作坊副使、疏濬黃河司、修河司等職，各司其事。金之都水監掌川澤、津梁、舟檝、河渠之事，官有監，分治監，專規措黃、沁河，並設都巡河官，分居各地。元之都水監掌治河渠、隄防、水利、橋梁、牐堰之事。至正六年五月，以連年河決爲患，置河南山東都水監，以專疏塞之任。八年立濟寧鄆城行都水監，九年立山東河南行都水監，十一年設總治河防使，皆專任之官也。

明初河事屬工部，似無專官。其後以總漕都督兼管河道。憲宗成化七年始設總理河道，主持河事。其後雖有分治與合治之別，但皆有專官。迨神宗萬曆七年，命山東、河南、直隸巡撫銜内添兼管河道，仍與專勅，然未幾又復設總理河道都御史。其後雖官名數易，若河道總督，若總河，或分或合，皆設專官以掌之也。迄清咸豐五年改道之後，始有巡撫兼管之命。其後各省先後設河務局，分段主持。至民國二十二年國民政府設立黃河水利委員會總掌河事。

設官之制，雖代有不同，要以其爲患之烈，莫不視防河如防敵，未敢稍有疏虞，則四千年如一日也。

十　防洪設施之現況

我國舊籍之言河工者，類以隄、埽、壩並舉，未嘗以其性質分也。隄所以防漫溢，埽壩所以防潰決。迄今防洪之法雖多，但黃河所採用者，惟此三者。

南北岸大隄長共一千二百餘公里，其經過地域與夫概況，前文（第四節）已備述之矣，茲僅就護岸及修防言之。

黃河之護岸，僅注意於險工處所，未能防患於未然，俾免塌陷與崩矬也。所謂險工者，卽大溜頂衝，崩塌隄岸，每有潰決之險，必施以特別防護之謂。然河槽變遷不常，故險工地段亦每更易。常見有臨水之處，現已淤爲灘地，亦有昔爲平工，今忽變爲險工者。（灘者，河槽與隄間淤積之地。險工地段，大河卽直逼隄身。平工則隄河之間，尚有灘爲之前護。大水之時，雖有漫灘薄隄之虞，但其溜緩，故爲患輕。）就現有險工地點而言，若河南省南岸鄭縣之花園口、中牟之趙口、開封之黑崗口、蘭封之三義寨，北岸開封之陳橋；河北省南岸東明之冷寨、高村、劉莊，北岸濮陽之蘧村、老大壩；山東省南岸菏澤之朱口，濮縣之李升屯，壽張之孫樓，濟南之老徐莊，濱縣之蝎子灣，蒲台之道旭，利津之卞莊。北岸長清之官莊，齊河之水牛趙莊，席家道口，濟陽之葛家店，惠民之邵家，利津之王莊等其著者也。惟潰決亦有見於平工者，如二十四年濮縣董莊之決口是也。蓋以其地久不濱河，一旦大水驟至，猝不及防，致穿越獾洞，而潰決隨之。故險工雖常為防守之地段，衝水災之來，又每由於險工以外不設防之處所。

保護險工之法有三，即埽、亂石及壩是也。埽為我國特有之護岸法，且具悠久之歷史。惟古今之作法稍異。古時埽之制，為密布芟索鋪梢，梢芟相重，壓之以土，雜以碎石，以巨竹索橫貫其中，謂之心索。卷而束之，復以大芟索繫其兩端，別以竹索自內旁出，高至數丈，長又倍之。凡用丁夫數百或千人雜唱齊挽，積置於卑薄之處，謂之埽岸。既下，閡以橛臬，復以長木貫之，其竹索皆埋巨木於岸以維之。遇河之橫決，則復益之以補其缺。凡埽下非積壘，亦不能遏其洶湍。

惟今則以稭（高粱之稭）代梢，以土代石，以麻代竹，於修整之埽台上分坯（每坯四尺至六尺不等）鑲製，每坯皆加以土，系於樁木。因製法及形狀之不同，而名稱亦各異，若順鑲，若丁鑲，由於製法之不同也；若魚鱗埽，若磨盤埽，若月牙埽，若蘿蔔埽則以其形狀之不同也。

險工之處，類皆有埽，山東尤多。其法本興自河南，厥後多改爲石護岸。因埽之弱點甚多，如（一）每年必須加鑲，殊不經濟；（二）稭埽比重較小，易於浮動；（三）若加土過多，雖可增加比重，但臨水一面，不能作成收分，易引迴溜，危及埽基；（四）鑲埽之處，多在岸坡，故重心多在上部，殊難穩定；（五）繩本爲連絡稭料及依靠隄岸之用者，但稭被土壓則緊縮，而繩失其效，致易走失；（六）壓稭之土，輒爲水冲去，則其效用失。故謂黃河護岸之法亟應改良者以此也。然埽亦有其特效之處，豫、魯沿河交通不便，運輸困難。石料之價極高，每方（一百立方市尺）竟達三十五元。惟所產高粱甚多，價廉而運費省。若遇大汛之期，設有危險發生，以之搶護，實較他法經濟。惟不可依埽爲護岸之特有工具耳。

亂石護岸者，即拋約百斤重之石塊於大溜頂衝之處，以資防護之謂。今用之者漸夥。惟有清之議河者，力斥用石之非，是以發展較遲。更有以鉛絲籠盛磚以代石者，亦利用本地土產減低費用之一法也。

壩爲基於隄岸，斜插於水中之斷隄。有土壩，有灰壩，有石壩，有草壩，有磚壩，有梢壩。其用則爲挑水、攔河、迎水、領水、搶水、減水。其興築則隨所需而定長短，以性質而採虛實。凡險工之處，多建壩以讓之，但多限於挑水之用，俾得移溜遠去，免危隄岸也。

至於搶險之法，多爲隨機應變，因地制宜，難有一定之規模，要在隨時體察，利用應手料物，以資補救。

黃河既注重大隄之防守，故於防守之法，規定綦詳。昔曾有四防、二守之說，今特增以三巡、三拾之議。分述如後。

潘季馴論四防二守甚詳，其說曰：

四防：一曰晝防，隄岸每遇黃水大發，急溜埽灣處所，未免刷損，若不卽行修補，則埽灣之處，愈漸坍塌，必致潰決。宜督守隄人夫，每日捲土牛小埽聽用，但有刷損者，隨刷隨補，毋使崩卸。少暇則督令取土堆積隄上，若子隄然，以備不時之需，是爲晝防。二曰夜防，守隄人夫每遇水發之時，修補刷損隄工，盡日無暇，夜則勞倦，未免熟睡。若不設法巡視，恐夤夜無防，未免失事。須置立五更牌面，分發南北岸協守官弁營工委官，照更換發，各舖傳遞。如天字舖發一更牌，至二更時，前牌未到日字舖，卽差人挨查，係何舖稽延，卽時拿究，餘舖倣此。隄岸不斷人行，庶可無誤巡守，是爲夜防。三曰風防，水發之時，多有大風猛浪，隄岸難免撞損。若不防之於微，久之坍薄潰決矣。須督隄夫捆扎龍尾小埽，擺列隄面，如遇風浪大作，將前埽用繩樁懸繫附隄水面，縱有風浪，隨起隨落，足以護衛，是爲風防。四曰雨防，守防人夫每遇驟雨淋漓，若無雨具，必難存立。未免各投人家或舖舍暫避，隄岸倘有刷掃，何人看視？須督各舖夫役每名各置斗笠簑衣，遇有大雨，各夫穿帶隄面擺立，時時巡視，乃無疎虞，是爲雨防。

二守：一曰官守，黃河盛漲，管河官一人不能周巡兩岸，委一協守職官，分岸巡督。每隄三里，原設舖一座，每舖夫三十名，計每夫分守一十八丈。宜責每夫二名共一段，於隄面之上共搭一窩舖，仍置燈籠一個，遇夜則在彼棲止，以便傳遞更牌巡視。仍晝地分委省義等官，日則督夫修補，夜則稽查更牌。管河官並協守職官時常催督巡視，庶防守無頃刻懈弛，而隄岸可保無事。二曰民守，每舖三里，雖已派夫三十名，足以修守，恐各夫調用無常，仍須預備。宜照往年舊規，於附近臨隄鄉村，各舖各添鄉夫十名，水發上隄，與同舖夫併力協守。水落卽行放回家，量時去留，不妨農業，不惟隄岸有賴，而附隄之民，亦各保其田廬矣。

三巡：一曰春巡，於解凍之後，卽查勘工情，準備鑲修作防汛之預備。凡水溝浪窩，獾洞鼠穴，車行道口，隄岸裂縫，皆應注意，先事預防。對於歲修地點，應詳爲估計，沿隄草木，妥爲保護。二曰伏巡，伏汛將至，應查勘溜勢，考察險工，爲搶護之依據。三曰冬巡，秋汛過後，應視察隄岸之損毀，俾謀補救之方策，並作凌汛之準備。

三搶：一曰溢搶，河水盛漲，隄身卑矮，因有漫溢之危，故必搶加隄頂，以資防禦。於臨河隄頂加築子埝，或排鋪土袋，或修築板牆，務以迅速方法，完成使命。二曰漏搶，隄若滲漏，滴水成川，應卽加搶堵。若微有滲漏，則可於背河隄面加築後戧。漏洞較大，則可於臨河以鐵鍋扣塞，或用棉被麻袋塡堵。亦可於背河搶築月隄，使與河內水面齊平，以杜滲漏。三曰坍搶，黃河土質多沙，如遇水冲浪激，岸輒坍塌。應卽搶修稭埽，或層疊抛壓散柳塊石。若隄土較佳，則可用沉排之法。亦可於坍潰上首，迎溜掛柳以緩溜，或修築挑壩以挑溜。遇風則宜掛柳浮埽，或編製柳簾。搶險爲急工，務宜相機處理。

我國河渠之書，汗牛充棟，類皆講述修防之法，經驗之論，故頗有堪資準則者。

十一　今後治河之途徑

我國治河，有四千年之歷史，先賢之豐功偉績，彪炳寰宇，遺規嘉言，足垂千秋。惟以科學之進步較遲，尚未能盡治河之能事，故復分别陳之，以資參考。

黃河爲患之原因，前已屢陳條述，無待贅言。總之，河患雖在下游，禍源則在孟津以上。欲治河而僅下游是謀，亦猶頭痛醫頭，脚痛醫脚，不獨無效，病且增劇。大禹以還，治水之人多矣，而卒不能光前裕後，倣其平成之業，誠治河之憾事也。

即下游之治理，亦多泥古法，遵古制，而無進取改革之志趣。如言河流則必宗禹道，言方法則必師九河。即潘季馴之提倡以隄束水，亦必以大禹爲依據，其言曰：「禹貢曰：『九澤既陂，四海會同。』傳曰：『九州之澤，已有陂障，而無決潰，四海之水，無不會同，而各有所歸。』則禹之導水，何嘗不以隄哉？」黎世序用碎石，交章而攻，栗毓美興磚工，浮言以起。雖經試辦，卒未推行。方法既難有進展，更出以因循敷衍，輒有退化之嫌，實治河之大障礙也。

是故黃河於改道或大舉治理之後，雖可得暫時之小康，但不久必變，其勢使然也。

今者既有精密之儀器，周詳之方法，從事觀測，復有模型之試驗，高深之學理，以供研求。則治河之前途實有無限之光明。茲將黃河上下游之治理，就愚見所及，論述於後。

十二　下游之治理

治河之法維何？其在下游應謀河槽之固定，隄防之安全；在上游則爲洪水之節制，土壤之保護是也。

固定河槽者，所以防止岸之坍塌，助長底之刷深也。

黃河之水，漲落倏忽，且大水爲時甚暫，故下游之河槽形成複式。中小水時水流槽中，槽與隄之間有灘，灘之寬狹不等，而高低又不一，水長則隨其高下，先後漫水，泛流於兩隄之間。故有中小水河槽，與洪水河槽之別，是爲複式。（參閱附圖七）

黃河溜勢，輒因漲落而異。小水時所頂衝之處，及水漲卽變。故雖一段之中，漲落之頃，而溜勢輒變化不窮。是故欲言固定河槽，豈應固定中小水者乎？洪水者乎？抑或改河槽爲單式者乎？是宜先事討論者也。

以黃河今日之流量情況言，不宜於單式河槽，蓋設令有龐大之河槽，足以容納最大之洪流，乃大水之來不常，或數年未必一遇，循至防護漸疏，修守亦廢，每易生險。如此經營維持，詎能經濟，故以複式者爲宜。

若就河水之攜沙言，爲量既鉅，遇阻輒淤。於水漲漫灘之時，則流速驟減，沙即以停。初則澱於灘脣（即臨槽之處）繼則徧及全灘。故灘脣特高，因有向隄之降坡，水流以急直衝隄根，有因而生險者。日久兩灘日淤，河床高仰。故複式河槽，不能集中水流力量，輸送泥沙，則此似以單式爲便。

是故欲兼籌並顧，應於上游設法節制洪流，俾洪水峯得以減低，而延長其下流時間。則水流平緩，無突起之象。節制後之安全流量，得以單式河槽容之而無害，泥沙亦可輸諸於海。是實爲計之上者。

節制洪流，有賴於上游之設施，容另論之。惟欲河槽之由複式改爲單式，則須利用自然之冲積力。若能使河槽刷深，河灘高長，則單式之槽以成，而河防亦可鞏固矣。

黃河本有刷深河槽之能力，每次漲水，宜有此現象，前已述之。寬河較仄者利於刷深，既爲試驗所證明，亦即大河之事實。蓋以水於漫灘之後，沙停水清，迨夫水落，則復歸槽，有助長刷槽之功。若無灘岸之坍塌，則必能維持其深度。故保護灘岸實爲首要。次當增加灘上落淤之進行。久之則河灘長高，河槽刷深，而單式之河槽成矣。

然爲防止洪水時之溜勢改變，免致冲改河槽起見，更須添築約水設備。如護灘、落淤與約水相輔而行，則固定河槽之目的可達矣。

當夫實施固定河槽工事之初，上游之節制工作，苟尚未完備，則所能控制之流量，當仍與今日者無異。固定程序，初則維持河槽俾能容納一年數遇之洪水，約六千秒立方公尺，逐年演進，以至河槽能容納一萬或一萬二千秒立方公尺，亦卽爲節制後之安全流量。兩岸有高厚之老灘，以資防禦，則水行地中，無旁溢之虞矣。

所謂應有之設施，厥惟護岸工程，透水丁壩，實體丁壩（或稱翼隄）潛水丁壩，杜塞歧流（俗稱串溝）裁灣取直等。容分別論之。

我國舊式工程，祇籌防險，鮮及「護岸」，前已言之。故所施工程僅於大溜頂衝之處加以防護，他處不遑兼顧，不知灘爲大隄之屛障，每當大溜之逼注，灘一日或塌數丈，甚至數十丈，司河事者往往不先事保灘，惟坐待大溜緊迫隄根，然後鑲埽以事防護，此實大誤。

灘有漫水者，有不漫水者，應分別處理。不漫水者，可以普通之護岸法爲之。昔曾於東明之冷寨試爲護灘搶險之法。其時大溜逼灘，乃急於灘脣退後數丈挖槽，中實樹梢，壓以磚石，罩以鐵絲網，再以鐵繩維繫岸上。層層作起，務使高大。連修數座，距離及多寡隨所需定之。迨大溜刷至，灘脣塌去，而所修之工事則隨岸塌成斜度，因鐵絲網層層相結，宛如梢蓐，而冲刷卽止，此一例也。故凡不漫水之處，卽可採用通常所用之護岸方法，茲不備述。至於常有漫水者，灘沿之防護雖可仍如前法，惟灘頂則須鋪以柳梢編成之護灘蓐，鎮之以碎石，免受冲刷。

其河槽過狹之處，不足以容納整理後之流量者，則可計算其距離，退後挖槽，預修護岸工作如前，卽令將其外灘冲去，及至護岸工事卽止。故河槽之寬仄，可以操縱自如也。

護灘之說，清人雖曾言之，但未見諸實行，爲可惜也。

「透水丁壩」所以緩溜落淤也。黃河中曾試用之，亦見特效。其法可自大隄起打單排或雙排樁橛，出地半公尺至一公尺，其長及距則象地之形，方向略向上斜，約與流水成八十度之角。單排橛可編成柳枝籬笆雙排者，則可以柳枝捆成一公寸粗之把，交錯編成。再用鐵絲維繫之。淤平後，更續為之。透水壩之造法甚多，歐、美皆經採用。惟用之於黃河，則須費省而效巨者，始易推廣也。

「實體丁壩」者，所以防洪水溜勢之改變，兼以護灘也。自大隄修土壩，其長至於灘唇，或至預定之處，其高大如隄，其距則按灘之寬度，約每三公里或五公里不等。壩之頂，可在洪水面以上，並加裹頭。自河之兩岸進修，故又可名為翼隄。河南省曾用此法，頗收約束水流之效。壩之種類及效能甚廣，今河上僅用之以護岸，其意失矣。此種工作，皆為土方，民夫或兵工作之最為相宜。

「潛水丁壩」所以糾正河槽之形狀也。

「杜塞歧流」亦為固定河槽之主要工作。蓋以歧流不能杜塞，則固定河槽之效難達。故串溝為禍，以河北省為烈。黃河在此歧為三股，狀如川字。一為大河本身，蜿蜒於兩隄之中，此正溜也。一為順南隄串溝，長三十餘公里，一為順北隄串溝，長六十公里，宛如排水副道，以補正河之不足者。正河與順隄串溝之間，又有橫列串溝，以連通之，形如葉之網絡。故遇洪漲，縱橫交流，情狀紊亂已極。是應先行整理歧流之處也。整理之法，可先以透水壩修及溝寬之半或三之一，則溝逐漸外移，而壩長亦可藉延滑縣已有前例，頗著相當成效。若能採用如前所述之實體丁壩，亦預防串溝之一法也。

「裁灣取直」爲整理河槽之工作。河槽之彎曲，以山東者爲甚。欲使河槽固定，必以此爲先務之急。

關於隄之存廢，自古多所爭執。惟無條件之廢除，實非所宜。在治本工作進行之時，必妥愼防守，一如往昔，護岸導溜，逐步改良，以謀短期之安定。迨至治本完成，再相度形勢，規訂修守辦法。河南省內之隄，以相距甚遠，頗收蓄水之效。於上游未有節制之設備，與下游河槽尚未改善前，不可冒然束爪，致滋遺害，是應特爲注意者也。

十三　上游之治理

治理黃河上游，一爲節制洪水，一爲保護土壤，前者屬於河道本身問題，而後者則關係土地整理也。

欲節制洪流，必修攔洪水庫。庫址距患區愈近，其控制之效能愈顯。黃河水庫適宜地點，當在陝縣與垣曲之間。若爲層層節制計，則上游及各支流，應繼續添修。

攔洪水庫與蓄水庫之作用不同，前者爲節制洪流，後者則蓄水濟涸。故構造之原理復異。攔洪水庫有終年暢啓之洩水機關，不藉人力或機力以司啓閉，設計時根據水力學理，以定洩水涵洞之形狀足矣。尋常水流，可以暢洩，庫在平時並不蓄水。及流量增高因洩洞特製式樣，有自動節制排洩量之效能。餘水停積庫中，如積之既多，水位抬高，因有壓力，則洩水量隨之增大。是故來水愈大，而洩出之水亦愈多，惟其量不等，故仍有一部分停留庫中，因之洪流得以節制。水落之時，若來源較洩量爲少，則水位降，水位降，則洩水量亦較小，直至平衡而後已。是攔洪水庫不在減少河流之總量，在能延緩其下流之時期。且水落卽漸涸出，可備作下次洪漲節制之用，實防洪之重要設施也。

攔洪水庫之法由來已久。歐洲多應用之，美國近亦採用。世有論黃河不宜設此者，以其流域過廣，且所攜泥沙又過多也。此種皮相之談，未足深信，茲特辭闢以明之。

黃河流域氣候乾燥，其流量自非多雨地帶者可比，雖最高流量有達二萬三千秒立方公尺之記錄，但爲時甚暫，旋起旋落，最宜於攔洪水庫之應用。卽以二十二年八月大水論，八月七日正午，陝縣流量爲二千五百秒立方公尺。其後逐漸上昇，至九日夜十二時及十日，已漲至二萬三千秒立方公尺。十三日早，又落至六千秒立方公尺。是洪水所經時期，不足六日，而流量在一萬秒立方公尺以上之時間，尚不足六十小時。所超越之水量不過十一萬萬立方公尺。約略計之，設河谷寬六百公尺，底之比降千分之一，如建造一高六十二公尺之攔水壩，則可容納無遺。如是則最大流量可節制至一萬秒立方公尺矣。卽使洪水流量或超出二十二年之記載，如以三萬秒立方公尺計之，則壩身稍事加高，卽足以容之。洪流時暫爲黃河之特性，非若其他大河之高而且永也。設於上游及各支流再加節制，則達陝縣之流量，或尚可較此爲低。至下游之安全流量，應爲一萬或一萬二千秒立方公尺，或爲他值，則視下游之整理工作而定。

泥沙之淤澱，實爲可注意之問題。流水初入水庫範圍，驟遇緩流，粗砂先淤，其餘則沿途沉澱。惟其淤積之情形，似不若想象者之嚴重。今設例以說明之。設攔水壩之最大洩量爲一萬二千秒立方公尺，則近壩之平均流速當爲每秒〇·三公尺。按美國可崙拉都河之研究，速度在每秒〇·二公尺以上，即不至有沉澱現象（黃河與可崙拉都河泥沙之細度相若）。是僅就普通情形而言。若黃河者，以洪流而攜鉅量泥沙，驟遇緩流，必失調和，而有大量之淤積，可以斷言。至其多寡，則頗難估計，是必有待於試驗之指示者。今設凡停蓄庫中之水，盡將所攜泥沙之全部沉澱，並外加一部，約計可達二萬萬立方公尺。如上游防止冲刷之工作實施，則其數可以減低。若更輔以水庫上游灘岸之保護，則短距離泥沙之運輸，可以降低。故實際情況，或較此值尚少。

近洩水涵洞之處，水流迅速，當無淤塞之虞，自可斷言。

迨夫水落，出量多於入量，則所積蓄之清水加入，一部淤積必爲冲去。最高洪水落後，仍有數日中常洪流，以五千秒立方公尺計，稍增其含沙量，則半月之冲刷，當可將積淤肅清。況庫底有淤積，則比降必增，益可增其冲刷。觀夫下游河槽之善變，則知泥沙之淤澱易，而冲刷亦易。隨積隨冲，若洩水涵洞不至淤塞，則水庫之泥沙可不必慮。故研究水庫之壽命者，不必因黃河而故爲短估之也。

此等事實若能證之以試驗，當益屬信而有徵。

整理土地爲防止土壤之走失，與逕流之減少也。

我國古有溝洫之制。言其效用，則各家之意見不一。但溝洫可以渫淤，亦可蓄水。渫淤卽能保護土壤，免表土之走失；蓄水可以潤田，兼減逕流之下行。是一舉而與上游之地主，下游之農田兩有裨益。

溝洫之詳已不可考，且廢棄已久，故與其強事恢復舊制，無寧另行規劃整理土地之方法。

土壤冲刷之兆始有兩種現象，或呈層狀剝削，或現溝狀冲刷。初則極微，繼則漸增。不僅肥美之表土盡行走失，甚至溝壑縱橫，欲耕而不可得。不得已則地變廢棄，人民他徙。凡明瞭西北之情形者，類皆知之。就農田言，冲刷爲西北破產之總因；就河道言，攜沙爲下游淤澱之所由。是故保護土壤，防止冲刷，實屬刻不容緩。

嚴定耕種取締辦法，凡在坡度較陡之田地，概須改爲草原，其更陡者，應培植森林，萬不可濫事墾殖。森林牧草皆屬生產事業，較之溝壑縱橫，或表土剝盡，而不適於耕種者，實勝百倍也。

草木根深蒂固而後，高張如蓋，平鋪如茵，對於防冲有特殊效能。故言土壤之保護，輒以造林種草爲最後之策，於他法試之無效時，惟此可以救濟之。若田坡在二十五或三十度者，概須改爲林區。初視之，農民似稍有損失，但爲長久計，爲保持資源計，則舍此莫屬也。

荳科作物或牧草之防冲能力亦大，如苜蓿、菽草、紫雲英、藍草及紅頂草等，皆富有防冲作用。故田坡在十五度以上者，應改爲草原。

至若耕種之田，更應按其坡度及冲刷情況，分爲階段。我國階田如台階式，對於耕作之便利，及防冲之效能，皆未達完善之境，是應加以改良。今有新式之階田制度，盛行於美國。其法爲約略依照田地之等高線，修築平緩之埂，高約半公尺，底寬可自五至八公尺。埂之上方，爲一淺緩之槽，乃下岸以埂，上岸靠田坡所成。每隔二十至五十公尺，則修築階道。遠望之，如起伏之田浪，無顯著之階台也。如是，則減緩逕流之速度，蓋以每階無異一截水渠道，自邱陵之頂，下流之水，層層被截，則下奔之勢以緩，而逕流之量，又復分散各渠，不得集中。階田既能分散逕流，減緩流速，則冲刷因以減低，蓋此二者，實冲刷之最大因素也。

每階之槽，皆有適當而安全之比降，輸送逕流於有保護之排水渠內，輾轉以達於河。比降之大小，視各地情形而定，如西北雨水缺乏，可使槽底爲平者，藉以延緩逕流，兼以蓄水，則逕流之總量亦可減少。故其效能與溝洫等。修造既易，且無曠田，無論埂槽，皆可耕植，使用農具，亦無阻礙。故新式階田，實爲改良西北土地制度最優良之方法，亟應促其實現者也。

田地制度改良之後，尤應注意播種之方法，俾收保護土壤之效。如撒播、行播、點播，務使各得其宜，等高農作法、作物條分法、直行農作法等，亦須相機應用。等高農作法者，每行皆按田地之等高線播種；作物條分法者，乃將田地分爲數條，每條內種植不同之作物；至於直行農作法，則係以直行播種，若田地情況良好，而坡度在百分之四以下者，可以採用。務以不礙農作，保存資源爲目的。對於輪作或連作之法，尤應善爲應用。

西北多屬黃土，冲刷極易。今以坡度爲準則，擬訂防制土壤冲刷及田地使用之方法如後。應用之時，可因情形而略事增修也。

甲、坡度在百分之四以下者　宜於農作物，可採輪作法及等高線或條分法播種。已有嚴重之冲刷現象者，須改修新式階田。

乙、坡度在百分之四與十二之間者　於修成階田後，播種農作物。宜採三年至五年之輪作法，其間每二、三年種乾牧草一次，並按等高線或條分法播種。

丙、坡度在百分之十二及二十之間者　種豆科作物或牧草，以作有節制之放牧。

丁、坡度在百分之二十與三十之間者　冲刷情形較輕時，可使爲有節制放牧之草原。其嚴重者，則禁止放牧，並培植森林。

戊、坡度在百分之三十以上者　應培植森林，及自然生長之植物，嚴禁放牧。

如是，則不僅可以保護土壤，免致冲刷，減少逕流，潤濕田地，且可恢復荒地之生產能力。其陡峻之台地，一時不易改爲新式階田者，應改良排水之法，俾免冲刷。

至於已成溝壑，則應修建節制壩（或稱谷坊）其用料或石或土或枝梢，或鐵網；其形式或透水，或阻水，皆可相機採用。惟於淤積土壤之後，必培植林木以資維護。

十四　治河之準備

欲究治河，須全河動員，非可枝節而爲之；根絕水患，必有充分之準備，亦非可一蹴而就也。前車之失，後車之鑒，黽勉事功，自在吾人之努力矣。

世人於黃河之認識，尚嫌不足。古籍之隄防記載，爲數雖多，但於河道及水流，則絕無資料。遜清末葉，時有客卿獻議，治河應先自查勘測量入手，但未嘗採用。民國八年，始有水文站之設，仍視同虛文，鮮加注意，故屢作屢輟，記載遂以不全。迨至二十二年，黃河水利委員會成立，始製定工作大綱，旨在標本兼籌，於是黃河之情況，雖略窺端倪，然所缺資料尚多，實有待於繼續測勘研究者也。

大河本流之水文站，除甘、寧外，已略具規模。惟各支流則尚付缺如，殊不知禍患之源，支流實居其一，語其重要，不亞本流。水文設施，豈容軒輊，是亟應廣事籌設。

防制土壤冲刷之方法，須因地制宜，惟此等資料，現尚缺乏。應於上游設防制土壤冲刷試驗場多處，以比較在不同之環境下，各種田制及播種方法所生之效果，並研究各種覆蓋植物對於逕流及冲刷之影響，以爲改良農田制度，農作方法，及造林種草之依據。

試驗場更應研究溝壑之控制，與台田排水改良之方法。

上游各澗溝及小河，每爲粗粒泥沙之所源。應設站研究泥沙輸入多寡，及性質之異同，並觀測三角洲之演進。澗溝時涸時漲，故與大河之水文站不同，此則專注意於泥沙之觀測，水文其次要也。於下游適當地點，設立大規模之露天水工試驗場，以研究河槽冲積之原理，黃土流動之特性，並設以各種防護、引導或整理之法，觀察其影響，以爲整理河身固定河槽之準繩。

關於攔水庫之淤澱問題，應作模型試驗研究之。

更可就大河中，選擇試驗段，以觀測水流及冲積之現象，河槽及河身之變化。此須有長期連續之觀測，非如簡單之水文站所能勝任，亦非如普通測量隊之可以來去不常，故必派專人主持。

至若原有之河道測量，水文及雨量觀測，尤須擴充賡續進行。

是故關於黃河之研究及觀測工作，除水文及河道測量業已開始外，餘則尚未著手。深期早日遣派專員分別負責進行，如是，則五年之後，必有具體之供獻，循以實施，「則十年小成，三十年大成」。

可操左券。

世人每鑑於賈魯治河，半年還朝，王景導渠期歲成功之神速，又感於黄河爲患之烈，深望司河事者亟宜有所取法，俾早登諸衽席，藉免昏墊之苦，而以上項設施爲緩不濟急者，是殆未深思熟慮耳。民國成立，近三十載，治河經費年耗數百萬，其成績何在？大禹而後，四千餘年中河道之改善水患之減輕，復幾何時？故事之患不在遲緩而在治理之未當，不患困難而患志向之不堅，苟以堅苦卓絶百折不回之精神努力以赴之，則二十年可以沼吳，豈以經久爲慮哉？若徒故步自封，因循敷衍，任諸天數，冀能倖免，如此不勞而獲之心理不除，則河患永無根治之日矣。孟子曰：「猶七年之病，求三年之艾也。」今者黄河上游摧殘過甚，下游則淤澱壅塞，猶如痼疾，欲求速治，不可得也。深願國人其三思之。

是故爲今之計，於隄防則增卑培薄，改良護岸，免遭泛濫之災，於規畫則積極準備，反覆推究，俾得早日實施。根治之圖既能逐步實現，則數十年後，黄河流域必非如今日之水患頻仍，而爲安居樂業之區，可斷言也。

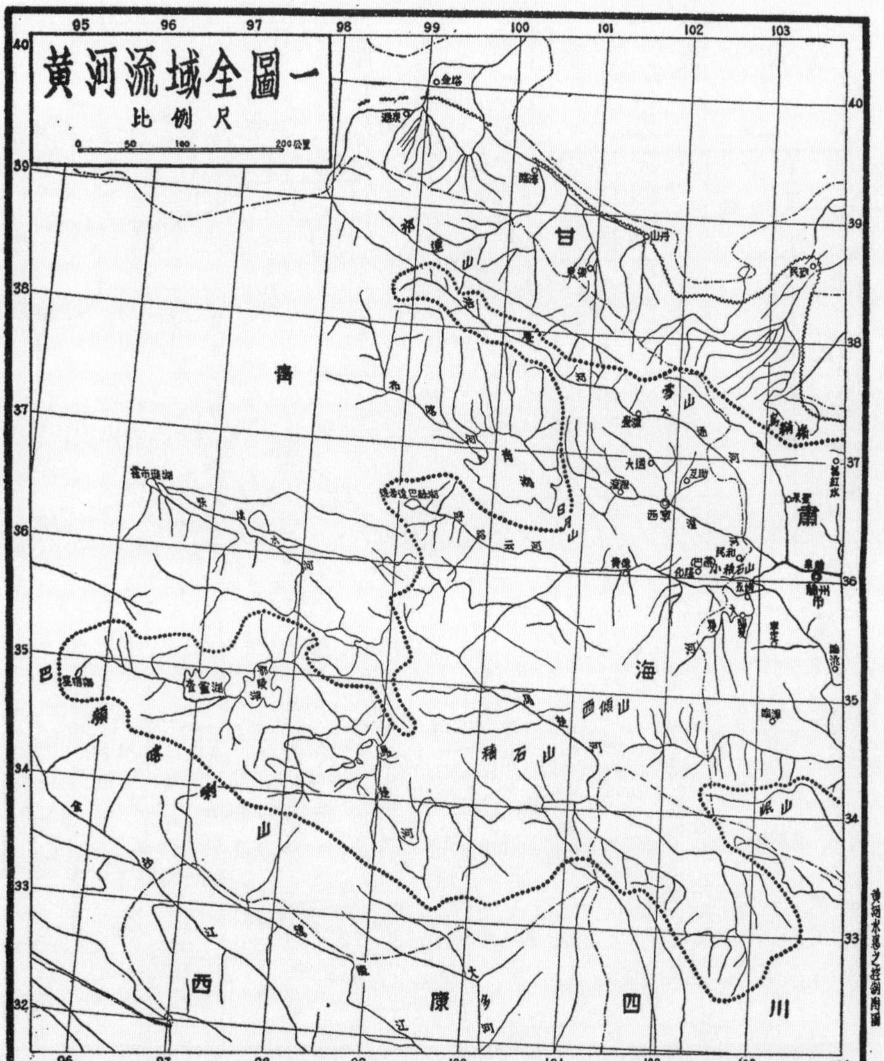
黄河流域全圖一
比例尺
0 50 100 200公里
黄河水患之控制附圖

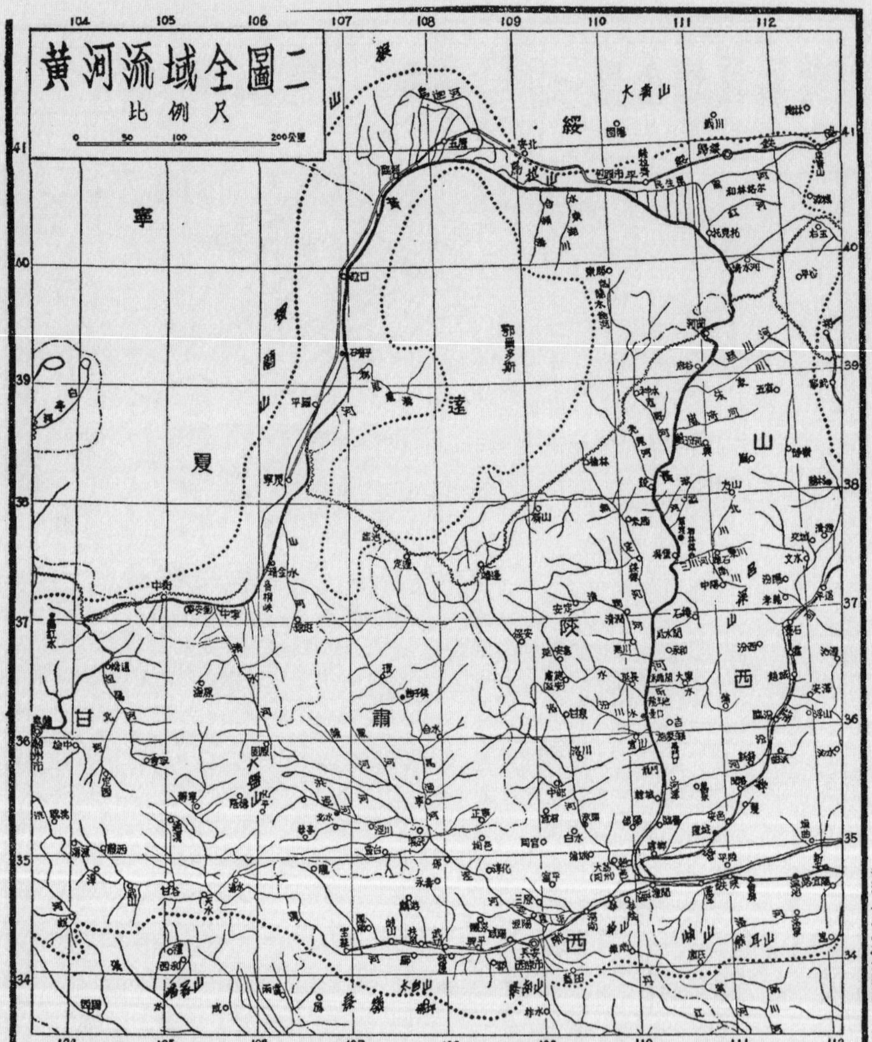

黄河水患之控制附圖二

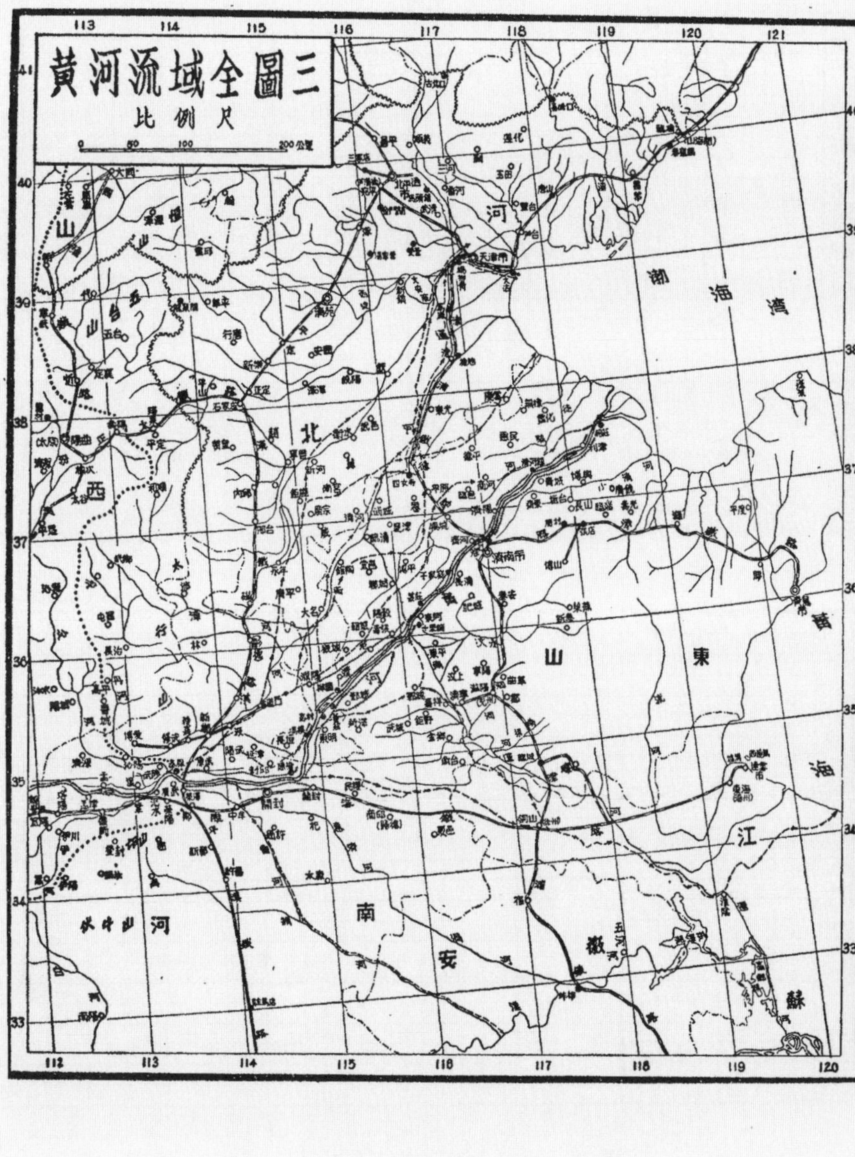

黄河水患之控制附圖三

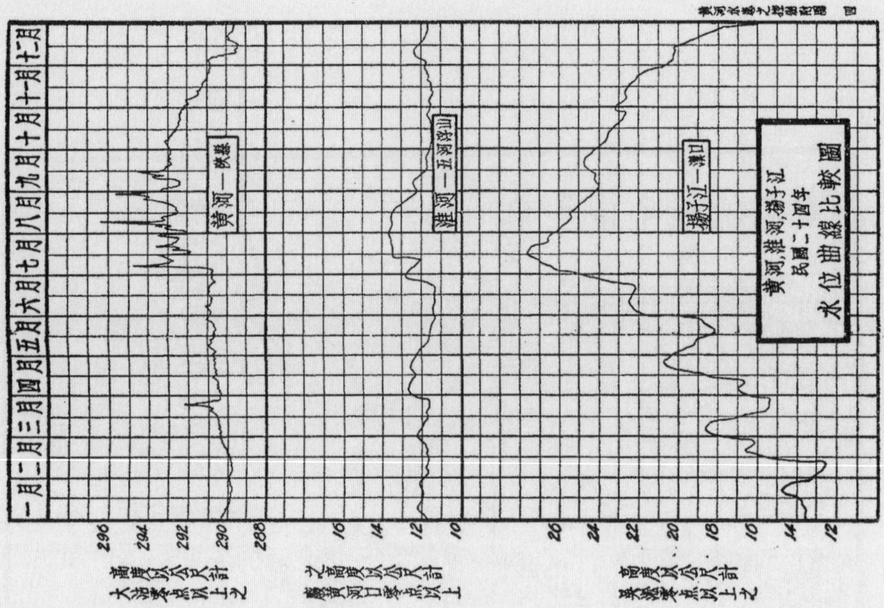
黃河，淮河，揚子江
民國二十四年
水位曲線比較圖
黃河一陝縣
揚子江一漢口

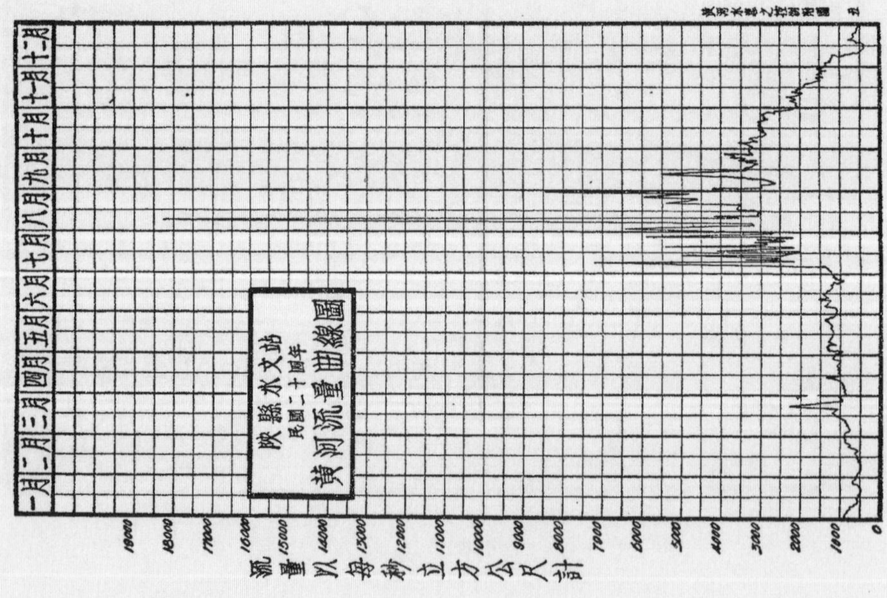
陝縣水文站
民國二十四年
黃河流量曲線圖
流量以每秒立方公尺計

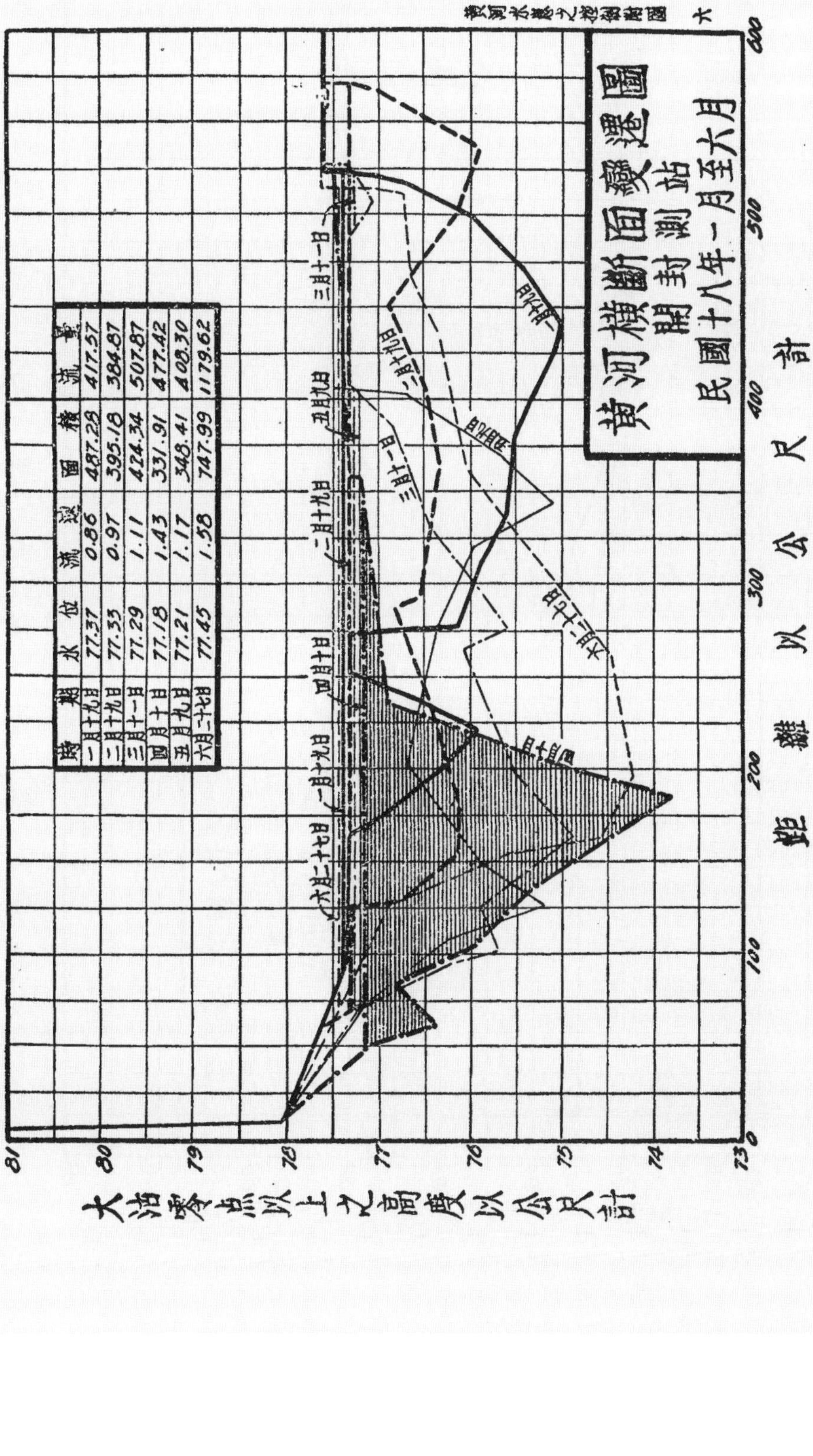
黄河横断面變遷圖
開封測站
民國十八年一月至六月
時期 水位 流速 面積 流量
一月十九日 77.37 0.86 487.29 417.57
二月十九日 77.33 0.97 395.18 384.87
三月十一日 77.29 1.11 424.34 507.87
四月十日 77.18 1.43 331.91 477.42
五月九日 77.21 1.17 348.41 408.30
六月二十七日 77.45 1.58 747.99 1179.62
大沽零點以上之高度以公尺計
距離以公尺計
81
80
79
78
77
76
75
74
73
0
100
200
300
400
500
600

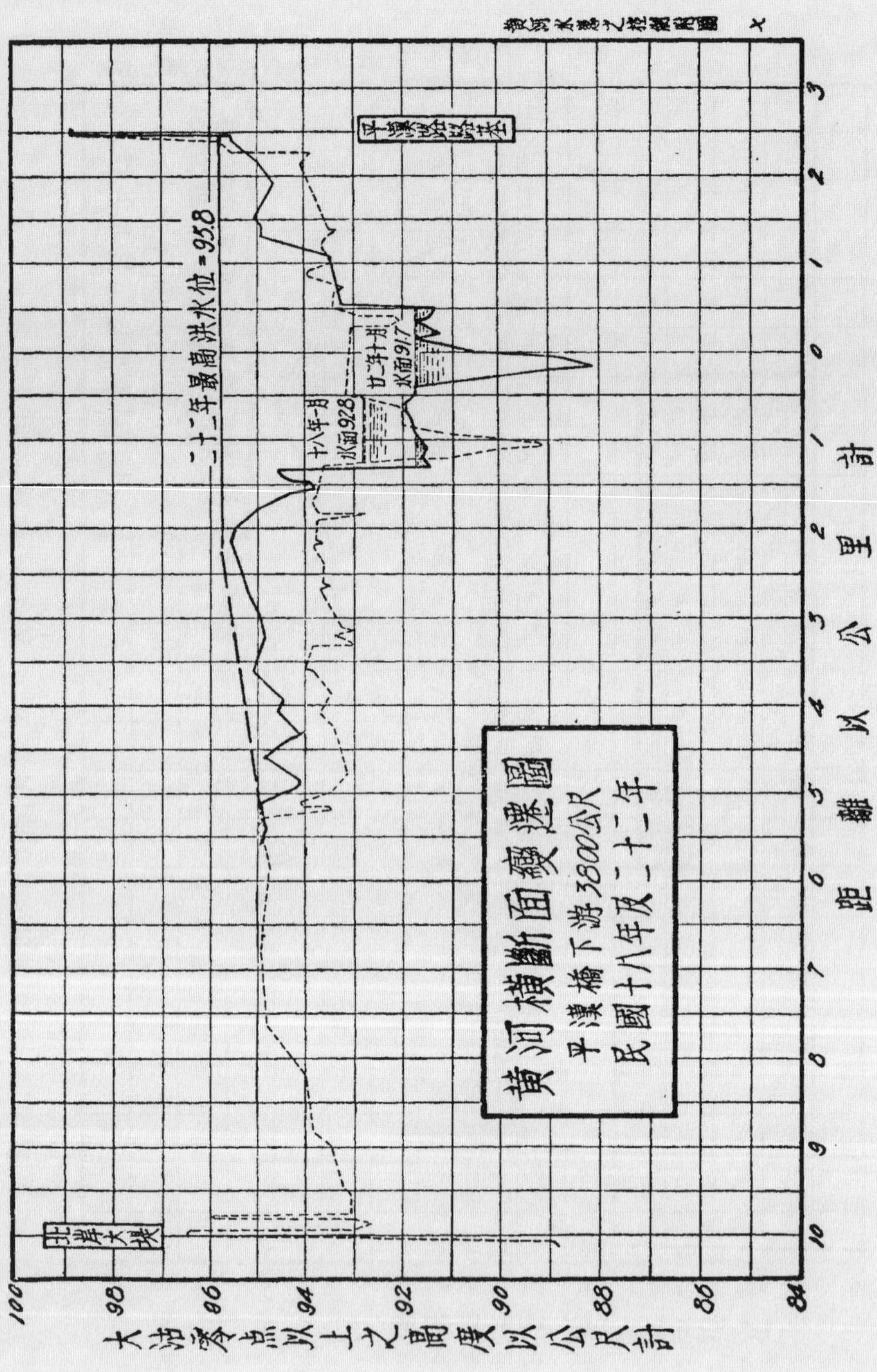
黃河横斷面變遷圖
平漢橋下游3800公尺
民國十八年及二十二年
二十二年最高洪水位=95.8
十八年一月 水面92.8
廿二年十月 水面91.7
北岸大堤
距離以公里計
大沽零点以上之高度以公尺計
100
98
96
94
92
90
88
86
84

中華民國二十七年七月初版

黃河水患之控制一册 ⊕（64314·1）

每册實價國幣伍角
外埠酌加運費匯費

著作者　張含英
編輯者　藝文研究會
出版者　藝文研究會
發行人　王雲五　長沙南正路
印刷所　商務印書館　長沙南正路
發行所　商務印書館　長沙南正路
分發行所　商務印書館分館　漢口、重慶、成都、西安、南昌、金華、廣州、梧州、昆明、貴陽、香港、汕頭、福州、

（本書校對者喻飛生）

♣F四七四九
港

後記

我是從數學史學習中逐步瞭解治黄史的。漢代《許商算術》的作者許商，好天文術數之事的王景、李尋善，他們既是數學家，又以治理黄河而聞名。我國現存最早的河工著作《河防通議》，將中國古典數學天元術運用到治黄工程中，創造了中國古代工程數學的一個高峰。除了數學史之外，内蒙古師範大學科學技術史研究還以少數民族科技史和地方科技史見長。李迪先生曾指出地方科技史研究的重要内容是人與自然環境變遷、科技遺迹與自然環境以及環境與生産的關係，此類研究具有明顯的現實意義和重要價值。想要通過大科學史研究，弄清變遷的原因和未來的發展趨勢，産出對于地方各方面的開發有更大、更直接價值的成果，這類研究大多離不開文獻。之後，李迪先生更是直接指出科技史研究不僅是對過去的科技工作和科技成果的回顧與總結，而且要着眼于現代，讓古人的發明創造爲今人服務，繼續在現代發揮其應有的作用。我將先生大科學史的治學理念視爲座右銘，在科研工作中更加注重讓科研成果服務于國家戰略與區域發展需求。

二〇一九年九月，習近平總書記在黄河流域生態保護和高質量發展座談會上指出，黄河流域在我國經濟社會發展和生態安全方面具有十分重要的地位。黄河流域生態保護和高質量發展是重大國家戰略。同年十月，黨的十九届四中全會提出『加强邊疆治理，推進興邊富民』，首次把邊疆治理寫入黨的文件。内蒙古師範大學組織科研力量，積極申報研究闡釋黨的十九届四中全會精神的國家社科基金重大項目，其中『中國特色社會主義民族區域自治制度自信研究』項目獲批。我承擔其中的『鑄牢中華民族共同體意識下的民族自治地方文化自信研究』子課題，而黄河是首選文化要素。二〇二四年，該項目順利結項，我也對黄河文化所藴含的時代價值有了更深的體會。

有鑒于此，我帶領文化遺産智能應用服務中華民族共同體建設『英才興蒙』團隊，以黄河爲主題，開展了文獻、文物、傳統工藝等多模態資源庫建設和跨模態應用示範工作。這次與内蒙古人民出版社合作出版的《黄河國家治理文獻集成》，旨在梳理和總結文獻中所藴含的歷史經驗和文化信息，爲當代及未來的黄河治理和地方文旅産業發展提供參考與借鑒。

感謝内蒙古民族文化産業研究院、巴彦淖爾市圖書館等单位的傾力相助，感謝内蒙古自治區黨委宣傳部、内蒙古出版集團、内蒙古人民出版社對本項目的支持與幫助。

在此，也向致力于黄河治理和大河安瀾的歷代先賢與當代典範表達崇高的敬意：你們的不懈努力與無私奉獻，爲黄河的安寧與人民的福祉築起了堅實的防綫；你們的智慧與勇氣，將永遠銘刻在中華民族的歷史豐碑上，激勵後人不斷前行。

董杰

二〇二五年一月

北疆文化